中职教学指导委员会
电类专业教材编写委员会

编委会主任：徐寅伟

编委会副主任：谭胜富　李关华　张　玲　陈惠荣　庞广信
　　　　　　　张仁麒　丁　莉

编委会委员：王　宁　毕燕萍　徐力平　胡晓晴　陈权昌
　　　　　　高文习　黄　杰　周　玲　任成平　于丽江
　　　　　　黄琴艳　侯守军　张业平　张晓君　杨　光
　　　　　　杨晓军　郑德明　葛颖辉　吴伦华　卫智敏
　　　　　　徐庆高　张　洪　彭昊华　李天燕　陶运道

先进制造业职业教育规划教材

可编程控制器技术应用

庞广信　主编
陈权昌　主审

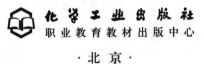

化学工业出版社
职业教育教材出版中心
·北京·

本书立足于中等职业技术学院的教学需求，以三菱 FX_{2N} 系列可编程控制器（PLC）为背景，以"实用"、"够用"为原则，以实训教学为主线，建立具体的理论与实践的对应关系，在更高的程度上实现了理论与实践的统一，充分体现职业教育的应用特点和能力目标；注重对初学者的学习能力、创新能力、团结协作能力的培养，实现"零距离上岗"的要求。

全书分为三部分，结合实训项目阐述了可编程控制器的常用指令以及可编程控制器的基本应用，第一部分为基本指令的应用，第二部分为功能指令的应用，第三部分为工程实践的内容。

本书适用于中等职业学校电气控制、电气技术、机电一体化、维修电工、仪表自动化以及相关专业使用，可作为短期培训教材，也可供电气技术人员参考。

图书在版编目（CIP）数据

可编程控制器技术应用/庞广信主编．—北京：化学工业出版社，2006.6（2021.3重印）
先进制造业职业教育规划教材
ISBN 978-7-5025-8838-0

Ⅰ．可… Ⅱ．庞… Ⅲ．可编程序控制器-职业教育-教材 Ⅳ．TP332.3

中国版本图书馆 CIP 数据核字（2006）第 071016 号

责任编辑：宋　薇　王丽娜　　　　　　　　　文字编辑：廉　静
责任校对：王素芹　　　　　　　　　　　　　装帧设计：潘　峰

出版发行：化学工业出版社　职业教育教材出版中心
　　　　　（北京市东城区青年湖南街 13 号　邮政编码 100011）
印　　装：北京虎彩文化传播有限公司
787mm×1092mm　1/16　印张 9¾　字数 234 千字　2021 年 3 月北京第 1 版第 8 次印刷

购书咨询：010-64518888　　　　　　　　　　售后服务：010-64518899
网　　址：http://www.cip.com.cn
凡购买本书，如有缺损质量问题，本社销售中心负责调换。

定　价：26.00 元　　　　　　　　　　　　　　　　　　　版权所有　违者必究

编 写 说 明

目前，职业教育面临着大发展的良好机遇，职业教育如何更快、更好地适应社会进步和经济发展的要求，是摆在职业教育工作者面前的机遇和挑战，为了使电类专业的多年教学改革探索有一个总结、借鉴、交流、推广的平台，2005年12月化学工业出版社组织召开了职业教育教材改革研讨会，提出组织全国的职业教育工作者交流改革经验，并在总结成功经验的基础上编写一套既符合现代职教理念，又适合不同类型、不同教学模式的中等职业教育电类专业教材，为广大的教师和学生提供优质服务，并形成一个不断发展、不断完善的机制。为此，组建了中职教学指导委员会电类专业教材编委会，由电类专业教材编委会组织调研并编写有特色、受欢迎的电类教材。经过近一年的努力，一套七本教材呈现在读者面前，这套教材和以往教材相比具有如下优点。

1. 教材的总体结构和内容选择经过了大量的调查研究，并经企业专家讨论确定职业能力培养的重点和深度，兼顾了普遍性和特殊性，在深入探索认知规律、提高教学有效性和企业的适应性方面取得了探索性的成果。本套教材共七本，中等职前教学和职后培训都可使用，学校可整套选用也可单本选用。

2. 《电工与电子技术》采用模块式结构，分基本模块和提高模块两部分。基本模块供非电类或以初级维修电工为主体能力目标的学员选用，基本模块加提高模块供中级维修电工为主体能力目标的学员选用，具有起点低、突出基本概念和基本技能、形象生动、理论实践一体化学习的特点。

3. 其余六本书为任务引领型的项目化结构教材：《电子技术与应用实践》供电子类专业使用，也可供电气类专业选用；《电工技术与应用实践》供电气类专业使用，也可供电子类专业选用；《电器设备及控制技术》、《常用电器的安装与维修》、《可编程控制器技术应用》、《变流与调速技术应用》供电气类专业以中级维修电工为主体技能目标的学员使用，以岗位职业活动为基础，具有目标明确、任务引领、由简单到综合、先形象后抽象，符合学习心理的特点。

4. 为了使项目化教材有更广的适用范围，在项目设计时也予以周到考虑，项目编写结构由能力目标、使用材料与工具、项目要求、工艺要求、学习形式、检测标准、原理说明、思考题几部分组成，以适应当今理论实践一体化学习的要求。完全按教材内容使用可作为项目化教学教材，如不用"原理说明"内容即可作为实验指导书，学习训练的测评标准和有梯度的项目、思考题设计，为提高学生的积极性和学习潜力、进行分类指导提供了条件。

各学校在选用本套教材后可发挥各自的优势和特色，根据自己的办学思想、教学模式适当增加校本内容，使教学内容和形式不断丰富和完善。

中职教学指导委员会电类专业教材编委会
2006年4月24日

前　言

本书根据全国化工中职电类教学指导委员会 2005 年 12 月北京会议制定的专业教学计划和《可编程控制器技术应用》大纲而编写。适用于中等职业学校电气控制、电气技术、机电一体化、维修电工、仪表自动化以及相关专业使用，也可供电气技术人员参考，并可作为短期培训教材。

近年来，随着大规模集成电路的快速发展，以微处理器为核心的可编程控制器（PLC）得到了迅速的发展和应用，PLC 不仅应用于传统的顺序控制，还广泛应用于闭环控制、运动控制以及复杂的分布式控制系统，因此在工业生产中具有广阔的应用前景，被誉为现代工业生产自动化的三大支柱之一。而且随着科技的发展，必将会获得更大的发展空间。

目前，PLC 的机型很多，但其基本结构、原理相同，基本功能、指令系统及编程方法类似。为了让初学者更好地掌握 PLC 应用技术，作者在总结多年的教学、科研经验的基础上编著了《可编程控制器技术应用》这本书。

本教材力求体现如下特色。

1. 以工程项目为主线，通过设计不同的工程项目，将理论知识和技能训练融于一体，各项目按照从简到繁、逐步提高的原则编排，使用"项目教学法"、"案例教学法"等方法。

2. 以"实用"、"够用"为原则，本书不追求大、全、深，不对 PLC 所有指令进行讲解，仅对一些常用的指令及其应用进行具体的讲述，让初学者对 PLC 更容易理解及掌握，同时，注重对初学者的学习能力进行培养，让其能独立工作，并能进一步提高。

3. 教学内容通俗易懂，图文并茂。

全书由 18 个项目和 3 个附录组成，由庞广信主编，陈权昌主审。其中项目 1、项目 3、项目 5 和项目 7 由吴伦华编写，项目 2、项目 14、项目 15 和项目 18 由葛颖辉编写，项目 4、项目 9～项目 12 以及附录 A、附录 B 由郑德明编写，项目 6、项目 8、项目 13、项目 16、项目 17 以及附录 C 由庞广信编写，全书由庞广信统稿。

本书在编写过程中，得到了许多单位和个人的大力支持和帮助，在此表示诚挚的谢意。

因编者水平有限，书中不妥之处，恳请广大读者批评指正。

编　者
2006 年 5 月

目　　录

课题一　基本指令部分 1
项目1　可编程控制器的基本知识 1
项目2　三菱 FX_{2N} 系列 PLC 的软、硬件知识 6
项目3　GPPW7D5 中文编程软件的应用 13
项目4　手持式编程器的应用 28
项目5　三相异步电动机单向点动和连续运行控制 41
项目6　三相异步电动机正反转控制 47
项目7　三台电动机顺序启动、逆序停止控制 52
项目8　三相异步电动机的星形-三角形降压启动控制 59
项目9　用 PLC 实现运料系统自动控制（一） 66

课题二　功能指令部分 71
项目10　机械动力头的自动控制系统 71
项目11　用 PLC 实现运料系统自动控制（二） 79
项目12　用 PLC 实现交通信号灯系统自动控制 85
项目13　机械手的自动控制 91
项目14　小车控制 99
项目15　高速计数器的应用 103

课题三　工程实践部分 111
项目16　抢答器的制作 111
项目17　水塔自动控制系统 115
项目18　PLC 的接线与维护维修 123

附录 127
附录A　FX_{2N} 系列 PLC 特殊功能元件功能表 127
附录B　错码一览表 138
附录C　FX_{1S}、FX_{1N}、FX_{2N}、FX_{2NC} 的应用指令一览表 ... 142

参考文献 146

课题一 基本指令部分

项目1 可编程控制器的基本知识

一、能力目标

1. 熟练掌握 PLC（可编程控制器）的基本概念、PLC 的基本构成、了解 PLC 的发展历史和应用情况。
2. 了解 PLC 的分类、型号以及各种类型 PLC 的特点。

二、所需的材料、工具和设备（见表1-1）

表1-1 材料、工具、设备表

名 称	型号或规格	数 量	名 称	型号或规格	数 量
可编程控制器	FX$_{2N}$-48MR	1台	计算机	带三菱编程软件、编程电缆	1台
手持编程器	FX-20P-E	1台	连接电缆	E-20TP-CAB	1根

三、项目要求

通过学习，对 PLC 有初步的认识。

四、学习形式

小组讨论 PLC 的定义，参阅相关书籍，教师引导为辅，学生讨论学习为主。

五、原理说明

（一）可编程控制器的发展过程

自1836年发明电磁继电器以来，人们就开始用导线把各种继电器、定时器、计数器及其接点连接起来，并按一定的逻辑关系控制各种生产机械。这种以硬接线方式构成的继电器控制系统，至今仍在使用，但这种控制系统有许多固有的缺点：一是这种系统利用布线逻辑来实现各种控制，需要使用大量的机械触点，系统运行的可靠性差；二是当生产的工艺流程改变时要改变大量的硬件接线，为此需要耗费许多人力、物力和时间；三是功能局限性大；四是体积大、耗能多。这些缺点大大限制了它的应用范围。而今，由于生产工艺的要求，需要一种新的工业控制装置来取代传统的继电器控制系统，使电气控制系统工作更可靠、更容易维修、更能适应经常变化的生产工艺要求。

1968年，美国最大的汽车制造商——通用汽车公司（GM）为满足市场需求，适应汽车生产工艺不断更新的需要，将汽车的生产方式由大批量、少品种转变为小批量、多品种。为此要解决因汽车不断改型而重新设计汽车装配线上各种继电器的控制线路问题，要寻求一种比继电器更可靠，响应速度更快，功能更强大的通用工业控制器。于是可编程控制器应运而生。1969年，美国数字设备公司（DEC）根据上述要求研制出世界第一台可编程控制器，型号为PDP-14，并在GM公司的汽车生产线上首次应用成功，取得了显著的经济效益。当时人们把它称为可编程序逻辑控制器（Programmable Logic Controller，PLC）。这一新技术的出现，受到国内外工程技术界的极大关注，纷纷投入力量研制。第一个把PLC商品化的是美国的哥德公司（GOULD），时间也是1969年。这一时期的PLC主要由分立式电子元件和小规模集成电路组成，它采用了一些计算机的技术，指令系统简单，一般只有逻辑运算的功能，但简化了计算机的内部结构，使之能够很好地适应恶劣的工业现场环境。1971年，日本从美国引进了这项新技术，研制出日本第一台可编程控制器；1973～1974年，德国与法国也都相继研制出自己的可编程控制器；德国西门子公司（SIEMENS）于1973年研制出欧洲第一台可编程控制器。中国从1974年开始研制，1977年开始工业应用。随着微电子技术的发展，20世纪70年代中期以来，由于大规模集成电路（LSI）和微处理器在PLC中的应用，使可编程控制器的功能不断增强，它不仅能执行逻辑控制、顺序控制、计时及计数控制，还增加了算术运算、数据处理、通信等功能，具有处理分支、中断、自诊断的能力，使PLC更多地具有了计算机的功能。目前世界上著名的电气设备制造厂商几乎都生产PLC系列产品，并且使PLC作为一个独立的工业设备成为主导的通用工业控制器。近年来，PLC发展趋向于小型化、网络化、兼容性和标准化。

（二）PLC的定义

1980年，美国电气制造商协会（National Electronic Manufacture Association，NEMA）将可编程控制器正式命名为Programmable Controller，简称为PC。

关于可编程控制器的定义：

1969年第一台可编程序的逻辑控制器研制出来，当时人们把它称为可编程逻辑控制器（Programmable Logic Controller，PLC）。

1980年，NEMA将可编程控制器定义为"可编程控制器是一种带有指令存储器、数字或模拟的输入/输出接口，以位运算为主，能完成逻辑、顺序、定时、计数和算术运算等功能，用于控制机器或生产过程的自动装置。"

1985年1月，国际电工委员会（International Electro-technical Commission，IEC）在颁布可编程控制器标准草案第二稿时，又对PLC作了明确定义："可编程控制器是一种数字运算操作的电子系统，专为在工业环境下应用而设计。它采用可编程序的存储器，用来在其内部存储执行逻辑运算和顺序控制、定时、计数和算术运算等操作的指令，并通过数字或模拟的输入和输出接口，控制各种类型的机器设备或生产过程。可编程控制器及其有关设备的设计原则是它应按易于与工业控制系统连成一个整体和具有扩充功能。"

1987年2月，国际电工委员会（IEC）将可编程控制器定义成一种"为了专门在工业环境下应用而设计的数字运算操作的电子系统"。它采用可编程序的存储器，用于其内部存储程序，执行逻辑运算、顺序控制、定时、计数和算术操作等面向用户的指令，并通过数字式或模拟式输入输出控制各种类型的机械或生产过程。可编程控制器及其有关外部设备，都按易于与工业控制系统连成一个整体，易于扩充其功能的原则设计。

随着电子技术和计算机技术的迅猛发展，集成电路的体积越来越小，功能越来越强。现今人们熟知的个人计算机也简称PC，为了不与个人计算机相混淆，将可编程控制器简称为PLC。

（三）PLC 的分类

可编程控制器具有多种分类方式，了解这些分类方式有助于 PLC 的选型及应用。

1. 按控制规模分类

根据控制规模 PLC 可分为小型机、中型机和大型机。控制规模是以所配置的输入/输出点数来衡量，I/O 点数（总数）在 256 点以下的，称为小型机；I/O 点数在 256～1024 点之间的，称为中型机；I/O 点数（总数）在 1024 点以上的，称为大型机。一般说来，点数多的 PLC，功能也相应较强。

为了适应不同工业生产过程的应用要求，可编程控制器能够处理的输入输出信号数是不一样的，一般将一路信号叫做一个点，将输入输出点数的总和称为机器的点。按照点数的多少，可将 PLC 分为超小、小、中、大、超大五种类型。表 1-2 为 PLC 按点数不同进行分类的情况。

表 1-2　PLC 按点数分类

超 小 型	小 型	中 型	大 型	超 大 型
64 点以下	64～128 点	128～512 点	512～8192 点	8192 点以上

2. 按结构形式分类

根据结构形式可分为整体式、模块式和分散式。

（1）整体式结构　这种结构的 PLC 是把 CPU、RAM、ROM、I/O 接口以及与编程器或 EPROM 写入器相连的接口、输入输出端子、电源、指示灯等都装配在一起的整体装置。一个箱体就是一个完整的 PLC。它的特点是结构紧凑、体积小、成本低、安装方便。缺点是输入输出的点数是固定的，不一定适合具体的控制现场的要求。如图 1-1 所示的三菱 FX_{1S} 系列。

图 1-1　整体式结构

（2）模块式结构　又叫积木式。它是将 PLC 的每个工作单元都做成独立的模块，如 CPU 模块、I/O 模块、电源模块、通信模块等，各模块插在相应插槽上，通过总线连接，便于扩展。如图 1-2 所示的三菱 MELSEC-Q 系列。

（3）分散式结构　它是把 PLC 的每个工作单元都做成外形结构尺寸一致，功能独立，彼此用母线连接起来的叠装结构，一般使用标准导轨安装。如图 1-3 所示的三菱 FX_{2N} 系列。

图 1-2　模块式结构

图 1-3　分散式结构

3. 按用途分类

根据用途分为顺序逻辑控制、闭环过程控制、多级分布式和集散控制系统、数字控制和机器人控制。

4. 按功能分类

可编程控制器按功能可分为低档机、中档机及高档机。低档机以逻辑运算为主,具有计数、计时、移位等功能。中档机一般有整数及浮点运算、数制转换、PID调节、中断控制及联网等功能,可用于复杂的逻辑运算及闭环控制场合。高档机具有很强的数字处理能力,可进行函数运算和矩阵运算,有更强的通信能力,可和其他计算机构成分布式生产过程综合控制管理系统。

(四) PLC 的应用

可编程控制器作为一种通用的工业控制器,它可用于所有的工业领域。当前国内外市场上 PLC 保持着旺盛的生命力,除取代了传统的继电控制系统外,正在逐步占领 DCS 和 PID 市场份额。现已将可编程控制器成功地应用到机械、汽车、冶金、石油、化工、轻工、纺织、交通、电力、电信、采矿、建材、食品、造纸、军工、家电等各个领域。

(五) PLC 的基本组成

可编程控制器实质上是一台用于工业控制的专用计算机,其组成与一般计算机相似。因此 PLC 由 CPU 模块、存储器、输入输出 (I/O) 模块、电源模块及编程器组成。

1. CPU 模块

CPU 是 PLC 的控制中枢,由运算器、控制器和寄存器等组成。主要完成的工作:PLC 本身的自检;以扫描方式接收来自输入单元的数据和状态信息,并存入相应的数据存储区;执行监控程序和用户程序,进行数据和信息处理;输出控制信号,完成指令规定的各种操作;响应外部设备(如编程器、可编程终端)的请求。指挥用户程序的执行,就像十字路口的交通灯(交警)一样指挥着车辆行驶。

2. 存储器

可编程序控制器中的存储器主要用于存放系统程序、用户程序和工作状态数据,就像器材的仓库用来存放器材一样。

3. 输入/输出模块

PLC 的控制对象是工业生产过程,它与工业生产过程的联系通过 I/O 模块实现。生产过程有两大类变量,即数字量和模拟量。输入模块作用是接收各种外部控制信号,输出模块的作用是根据 PLC 运算结果驱动外部执行机构。

4. 电源模块

PLC 的电源模块将交流电源转换成供 CPU、存储器、输入输出模块等所需的直流电源,是整个 PLC 的能源供给中心,它的好坏直接影响到 PLC 的功能和可靠性。

5. 编程器

编程器是 PLC 的重要组成部分,可将用户编写的程序写到 PLC 的用户程序存储区。因此,它的主要任务是输入、修改和调试程序,并可监视程序的执行过程。编程器有电脑编程器和简易编程器(手持式编程器),其中电脑编程有梯形图、指令助记符、逻辑功能图及高级语言,而简易编程器仅有梯形图和指令助记符两种方式,它体积小,便于携带。

(六) 编程语言

PLC 通常不采用微机的编程语言,而常常采用面向控制过程、面向问题的"自然语言"编程。这些编程语言有梯形图(LAD)、语句表(STL)逻辑功能图、顺序功能图(SFC)和高级语言等。

1. 梯形图

梯形图是一种图形编程语言，是面向控制过程的一种"自然语言"，它沿用继电器的触点（在梯形图中又常称为接点）线圈、串并联等术语和图形符号，同时也增加了一些继电器、接触器控制系统中没有的特殊功能符号。梯形图语言比较形象、直观，对于熟悉继电器控制线路的电气技术人员来说，很容易被接受，且不需要学习专门的计算机知识，因此，在 PLC 应用中，梯形图是使用的最基本、最普遍的编程语言。但这种方式只能用图形编程器直接编程，如图 1-4 所示。

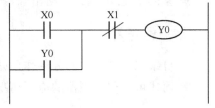

图 1-4　梯形图

2. 指令语句表（简称指令表）

指令语句就是用助记符来表达 PLC 的各种功能。它类似于计算机的汇编语言，但比汇编语言通俗易懂，因此也是应用很广泛的一种编程语言。这种编程语言可使用简易编程器编程，尤其是在未能配置图形编程器时，就只能将已编好的梯形图程序转换成指令表的形式，再通过简易编程器将用户程序逐条地输入到 PLC 存储器中进行编程。通常每条指令由地址、操作码（指令）和操作数（数据或元器件编号）三部分组成。编程设备简单，逻辑紧凑、系统化，连接范围不受限制，但比较抽象，一般与梯形图语言配合使用，互为补充。目前，大多数 PLC 都有指令编程功能。如表 1-3 所示。

表 1-3　指令表

指　　令	操作数(操作元件)	指　　令	操作数(操作元件)
LD	X0	AND	X1
OR	Y0	OUT	Y0

3. 控制系统流程图

这是一种由逻辑功能符号组成的功能块图来表达命令的图形语言，这种编程语言基本上沿用了半导体逻辑电路的逻辑方块图。对每一种功能都使用一个运算方块，其运算功能由方块内的符号确定。常用"与、或、非"等逻辑功能表达控制逻辑。故又称为逻辑功能图。和功能方块有关的输入端画在方块的左边，输出端画在右边。采用这种编程语言，不仅能简单明确地表现逻辑功能，还能通过对各种功能块的组合，实现加法、乘法、比较等高级功能。所以，它也是一种功能较强的图形编程语言。控制系统流程图比较直观易懂，具有一定数字电路知识的人很容易掌握。如图 1-5 所示。

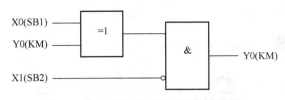

图 1-5　控制系统流程图（逻辑功能图）

4. 顺序功能图

顺序功能图编程方式采用工艺流程图，只要在每一个工艺方框的输入和输出端，标上特定的符号即可。对于在工厂中搞工艺设计的人来说，用这种方法编程，不需要很多的电气知识，非常方便。

5. 高级语言

在一些大型 PLC 中，为了完成一些较为复杂的控制，采用功能很强的微处理器和大容量存储器，将逻辑控制、模拟控制、数值计算与通信功能结合在一起，配备 BASIC、Pascal、C 等计算机语言，从而可像使用通用计算机那样进行结构化编程，使 PLC 具有更强的功能。

六、训练

观察 FX$_{2N}$ 系列 PLC，指出基本部分的大致位置并说明其作用。

七、思考题

1. 可编程控制器各部分的作用是什么？
2. 简述可编程控制器的应用情况。

八、检测标准

序号	考核内容	考核要求	评分标准	配分	扣分	得分
1	认真听讲	不迟到早退，认真听讲	笔记	10 分		
2	善于思考	善于提出问题	能回答老师提出的问题	10 分		
3	动手	能积极动手操作	接线正确，观察细致	10 分		
4	按报告要求完成正确	整理实训操作结果，按标准写出实训报告	报告内容 40 分，结果正确 10 分	50 分		
5	安全文明生产	正确使用设备和工具，无操作事故	教师掌握	10 分		
6	团队合作精神	小组成员分工协作、积极参与	教师掌握	10 分		
7	实际总得分		教师签字			

项目 2　三菱 FX$_{2N}$ 系列 PLC 的软、硬件知识

一、能力目标

1. 掌握三菱 FX$_{2N}$ 系列 PLC 外部结构组成。
2. 熟练掌握三菱 FX$_{2N}$ 系列 PLC 主要编程元件的使用。
3. 了解三菱 FX$_{2N}$ 系列 PLC 的分类以及型号命名。

二、使用材料、工具、设备（见表 2-1）

表 2-1　材料、工具、设备表

名称	型号或规格	数量	名称	型号或规格	数量
可编程控制器	FX$_{2N}$-48MR	1 台	计算机	带三菱编程软件、编程电缆	1 台
手持编程器	FX-20P-E	1 台	连接电缆	E-20TP-CAB	1 根

三、项目要求

1. 通过上机操作熟练掌握 FX$_{2N}$ 系列 PLC 主要编程元件的使用。
2. 认识三菱 FX$_{2N}$ 系列 PLC 外部结构组成。

四、学习形式

以教师讲授和演示为主,学生参观为辅。

五、相关知识

(一) FX$_{2N}$系列 PLC 外部结构组成

FX$_{2N}$系列可编程控制器由基本单元、扩展单元、扩展模块及特殊功能单元构成。见图 2-1。

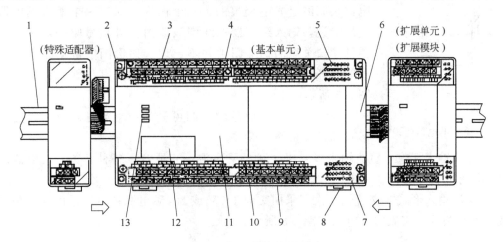

图 2-1 FX$_{2N}$系列可编程控制器的正视图

1—DIN 导轨;2—安装孔;3—输入输出端子;4,10—端子盖板;5—输入指示灯;
6—连接插座盖板;7—输出指示灯;8—钩子;9—输出端子排;11—上
盖板;12—编程器接口;13—POWER RUN BATT. 指示

基本单元包括 CPU、存储器、输入/输出接口以及电源等部分,它是 PLC 的主要部分。扩展单元是用于增加 I/O 点数的装置,内部设有电源。扩展模块用于增加 I/O 点数及改变 I/O 比例,内部无电源,由基本单元或扩展单元给其供电。由于扩展单元和扩展模块无 CPU,必须与基本单元一起使用。特殊功能单元是一些具有专门用途的装置。图 2-1 为 FX$_{2N}$可编程控制器的正视图。它属于分散式结构。

(二) 型号命名

型号命名的基本格式如图 2-2 所示。

(三) FX$_{2N}$系列可编程控制器的主要编程元件

可编程控制器用于工业控制,其实质就是用程序来表达事物间的逻辑关系或控制关系。

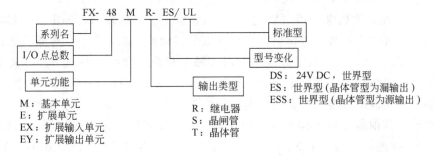

图 2-2 型号命名的基本格式

而这种关系必须借助机内器件以及编程语言来表达，这就要求在机器内部设置具有各种各样功能的，能方便代表控制过程中各事物的元器件，这就是编程元件。它的物理实质就是电子线路及存储器。考虑工程技术人员的习惯，用继电器电路中类似名称命名，有输入继电器、输出继电器、辅助（中间）继电器、定时器、计数器等。

1. 输入继电器 X

（1）FX$_{2N}$系列可编程控制器输入继电器编号范围为：X0～X177（128点）。

PLC的输入端是其内部输入继电器（X）从机外接受控制信号的端口，输入端与输入继电器之间经过光电隔离的，每个输入端对应一个输入继电器。从使用上说，输入继电器的线圈只能由机外信号驱动，在反映机内器件逻辑关系的梯形图中并不出现。梯形图中常见的是输入继电器的常开、常闭触点。它们的工作对象是其他软元件的线圈，如图2-3所示。

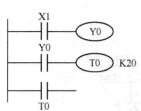

图2-3 输入继电器的说明

（2）根据输入信号的不同可分为：直流输入形式、交流输入形式和模拟量输入形式。

① 直流输入形式　直流输入多采用直流24V电源，它适合于各种开关、继电器或直流供电的传感器等，直流输入电路如图2-4所示。

② 交流输入形式　交流输入大多采用交流110V或220V电源供电，适用于远距离的开关及强电开关等，交流输入电路如图2-5所示。

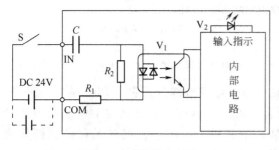
图2-4 直流输入电路

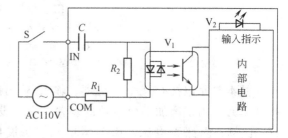
图2-5 交流输入电路

③ 模拟量输入形式　通过传感器或变送器将非电模拟量转换成直流电流或电压模拟量，然后再输入PLC，PLC的模拟量输入电路一般要求：电流型的直流4～20mA，电压型的直流0～10V或1～5V等。

2. 输出继电器 Y

（1）FX$_{2N}$系列可编程控制器输出继电器编号范围为：Y0～Y177（128点）。

PLC的输出端是输出继电器（Y）向机外负载输出信号的端口，输出继电器的触点分外部输出触点和内部触点两种。外部输出触点（继电器触点、晶闸管、晶体管等输出元件）接到PLC的输出端子上，且只有常开触点；内部触点和输入继电器触点一样，其常开、常闭触点可重复使用无数次。输出继电器和输出端子是一一对应的，它是PLC中惟一具有外部触点且能够驱动负载的继电器。输出继电器的线圈只能由程序驱动，输出继电器的内部常开常闭触点可作为其他器件的工作条件出现在程序中。梯形图2-3中X1是输出继电器Y0的工作条件，X1接通，Y0置1；X1断开，Y0复位。时间继电器T0是输出继电器Y0的工作对象，Y0的常开触点闭合，T0工作。输出继电器为无掉电保护功能的继电器，也就是说，若置 1 的输出继电器在 PLC 停电时其工作状态归 0。

（2）PLC 的输出形式有开关量输出和模拟量输出两种，其中开关量输出又分为继电器输出、晶闸管输出和晶体管输出三种形式。

① 继电器输出　电路如图 2-6 所示。

当 PLC 输出接口电路中的继电器 K 线圈得电时，其触点闭合，电流通过外接负载 L，负载 L 工作，同时输出指示灯亮，表示该输出点接通；反之亦然。继电器输出适用于交直流负载，使用方便，负载电流可达 2A，可直接驱动电磁阀线圈。但因为有触点，使用寿命不长，因此在需要输出点频繁通断的场合（如脉冲输出等），应选用晶体管或晶闸管输出电路。

② 晶体管输出　电路如图 2-7 所示。

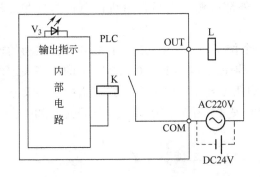

图 2-6　继电器输出电路

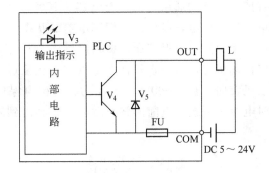

图 2-7　晶体管输出电路

当 PLC 输出接口电路中的晶体三极管饱和导通时，电流通过外接负载 L，负载工作，同时输出指示灯亮，表示该输出点接通；反之亦然。仅适用于直流负载，由于无触点，故使用寿命长，且响应速度快。但输出电流小，约 0.5A。若外接负载电流较大，需增加固态继电器驱动。

③ 晶闸管输出　电路如图 2-8 所示。

当 PLC 输出接口电路中的双向晶闸管导通时，电流通过外接负载 L，负载工作，同时输出指示灯亮，表示该输出点接通；反之亦然。晶闸管输出电路仅适用于交流负载，由于无触点，故使用寿命长。但 PLC 中的晶闸管输出电流不大，约 1A，可直接

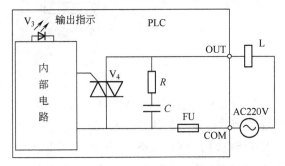

图 2-8　晶闸管输出电路

驱动电压 110～230V、工作电流 1A 以下的交流负载。若外接负载工作电流较大，需增加大功率晶闸管驱动。

（3）模拟量信号输出　PLC 的模拟量信号输出用于控制工业生产过程控制仪表和模拟量的执行装置，如控制比例电磁阀阀门开度及控制流量。PLC 的模拟量输出方式可以是直流 4～20mA，直流 0～10V 或 1～5V 等。

3. 辅助继电器 M

辅助继电器有通用辅助继电器和特殊辅助继电器两类。

（1）通用型辅助继电器：M0～M499（500 点）　通用型辅助继电器的主要作用相当于

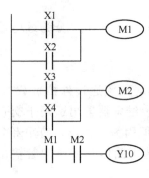

图 2-9 辅助继电器的说明

继电器电路中的中间继电器，常用于逻辑运算的中间状态存储及信号类型的变换；辅助继电器的线圈只能由程序驱动，它只有内部触点，如图 2-9 所示。

（2）有掉电保持的通用型辅助继电器：M500～M1023（524 点） 具有掉电保持的通用型辅助继电器具有记忆功能，PLC 在运行中若发生停电，输出继电器和通用辅助继电器将全部为断开状态；通电后再运行时，除 PLC 运行时就能接通的触点外，其他触点仍处于断开状态，使断电前的状态发生改变。在实际生产中，有时需要保持失电前的状态，以使来电后机器可继续进行停电前的工作，这就需要一种能够保持失电前状态的辅助继电器——具有掉电保持的通用型辅助继电器。其实，PLC 在外部电源停电后，由机内电池为这些工作单元进行供电，以记忆它们掉电前的状态。

下面是掉电保持通用型辅助继电器应用的一个例子。图 2-10 是一个由电动机驱动的丝杠传动机构，滑块在丝杠上可以左右往复运动，若辅助继电器 M600 及 M601 的状态决定电动机转向，且 M600 及 M601 为具有掉电保持的通用型辅助继电器，这样在机构停电又来电时电机仍可按掉电前的状态运行，直到碰到限位开关才发生转向的变化。运行过程如下。

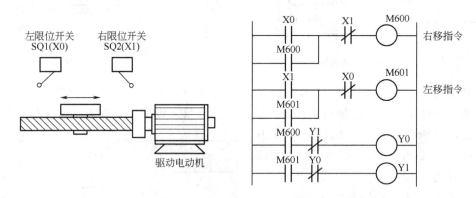

图 2-10 丝杠传动机构及对应动作的梯形图

X0＝ON（左限位）→M600＝ON，M600 的常开触点闭合→Y0＝ON→滑块右移，右移过程若因故停电→滑块停止移动，复电后，M600 仍为 ON 状态→滑块继续右移→压合右限位开关 SQ2 后→X1＝ON→M600＝OFF→Y0＝OFF→滑块停止右移；此时由于 X0＝OFF，X1＝ON，M601＝ON→Y1＝ON→滑块左移……

（3）特殊辅助继电器：M8000～M8255（256 点） 特殊辅助继电器是具有特定功能的继电器。根据使用的不同可以分为两大类。

① 只能利用其触点的特殊辅助继电器，其线圈只能由 PLC 自行驱动，用户也只能利用其触点。这类特殊辅助继电器常用作时基、状态标志或专用控制元件出现在程序中。例如：

M8000——运行（RUN）监控，在 PLC 运行时自动接通；

M8002——初始脉冲，只在 PLC 开始运行的第一个扫描周期接通；

M8012——100ms 时钟脉冲；

M8013——1s 时钟脉冲。

② 可驱动线圈型特殊辅助继电器，这类特殊辅助继电器的线圈可由用户驱动，线圈驱

动后，PLC将做特定动作。例如：

  M8030——使BATT LED（锂电池欠压指示灯）熄灭；

  M8033——PLC停止运行时输出保持；

  M8034——禁止全部输出；

  M8039——定时扫描方式。

应注意，没有定义的特殊辅助继电器不可在用户程序中使用。

  4. 定时器

  定时器相当于继电器电路中的时间继电器，在程序中可作延时控制。FX_{2N}系列可编程控制器定时器有以下四种类型。

100ms定时器：	T0～T199	200点	计时范围：0.1～3276.7s
10ms定时器：	T200～T245	46点	计时范围：0.01～327.67s
1ms积算定时器：	T246～T249	4点（中断动作）	计时范围：0.001～32.767s
100ms积算定时器：	T250～T255	6点	计时范围：0.1～3276.7s

  定时器可分为非积算定时器和积算定时器两种。非积算定时器没有后备电源，在定时过程中若遇停电或驱动定时器线圈的输入断开，定时器内的脉冲计数器不保存计数值，当复电后或驱动定时器线圈的输入再次接通后，计数器又从零开始计数。积算定时器由于有后备电源，当定时过程中突然停电或驱动定时器线圈的输入断开，定时器内的脉冲计数器将保存当前值，在复电或驱动定时器线圈的输入接通后，计数器将继续计数，直到与原来设定值相等。有关定时器的具体应用将在后面项目8中再做详细介绍。

  5. 计数器

  计数器在程序中用作计数控制。FX_{2N}系列可编程控制器可分为内部计数器和高速计数器。内部计数器是对机内元件（X、Y、M、T和C）的信号进行计数的计数器。其接通（ON）和断开（OFF）时间应比PLC的扫描周期长。对高于机器扫描频率的信号进行计数，需用高速计数器。关于高速计数器的应用将在项目15中介绍。

  (1) 16位增计数器（设定值：1～32767）

  ① 通用型：C0～C99（100点）

  ② 掉电保持型：C100～C199（100点）

  16位计数器指其设定值及当前寄存器为二进制16位寄存器，设定值在K1～K32767范围内有效。设定值K0和K1的意义相同，均在第一次计数时，触点动作。

  (2) 32位双向计数器 双向计数器既可设置为增计数器，又可设置为减计数器。它的设定范围为－2147483648～＋2147483647。在FX_{2N}系列的PLC中有两种32位双向计数器。一种是通用计数器，元件编号为C200～C219，共20点，一种为掉电保持计数器，元件编号为C220～C234，共15点。

  计数的方向（增计数或减计数）由特殊辅助继电器M8200～M8234设定。对于C△△△，当M8△△△接通（置1）时为减计数，当M8△△△断开（置0）时为增计数，具体请见项目8。

六、实训内容

  (一) 项目描述

  ① 根据接线图和梯形图（由指导老师事先将程序写入PLC内并接好线），由学生自己

接线操作，观察 PLC 的运行情况和计算机监视情况，理解内部软元件的意义和使用情况。

② 根据模块化 PLC 实物，分析 PLC 的硬件结构，注意观察 PLC 主机、I/O 模块、通信模块、电源模块等。

③ 观察 PLC 面板标注情况，分析 PLC 的型号等相关信息。

（二）实训要求

1. 硬件认识

在实验报告中完成以下任务。

① 写出实验室所有 PLC 的型号及其含义。

② 画出 PLC 各部分的结构组成框图，并指出各部分的作用。

③ 分析模块化 PLC 各模块的名称和作用。

④ 参观有关企事业单位 PLC 的运行情况。

2. FX_{2N} 系列 PLC 内部软元件的认识

按照图 2-11 PLC 的接线图和表 2-2 所示 I/O 分配表进行接线。由指导老师事先将图 2-12 所示梯形图写入 PLC 内，并将计算机和 PLC 的通信连接好，学生可按以下步骤观察 PLC 的运行状况。

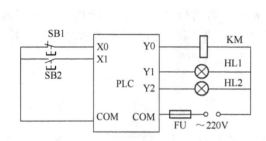

图 2-11　PLC 接线图

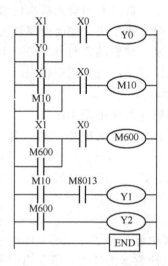

图 2-12　演示程序的梯形图

表 2-2　输入点和输出点分配表

输入信号			输出信号		
名　称	代　号	编　号	名　称	代　号	编　号
停止按钮	SB1	X0	交流接触器	KM	Y0
启动按钮	SB2	X1	指示灯 1	HL1	Y1
			指示灯 2	HL2	Y2

① 将 PLC 的"STOP/RUN"开关置于"STOP"状态，让 PLC 通电。注意观察面板上的 LED 指示灯的状态和计算机上显示程序中各触点和线圈的状态。

② 将 PLC 的"STOP/RUN"开关置于"RUN"状态，按下 SB2，观察接触器 KM、指示灯以及计算机上显示程序中各触点和线圈的状态。

③ 断开 PLC 电源 5s 后，再通电，观察接触器 KM、指示灯以及计算机上显示程序中各触点和线圈的状态。

七、检测标准

序号	考核内容	考核要求	评分标准	配分	扣分	得分
1	认真听讲	不迟到早退，认真听讲	笔记	10分		
2	善于思考	善于提出问题	能回答老师提出的问题	10分		
3	动手	能积极动手操作	接线正确，观察细致	10分		
4	按报告要求完成正确	整理实训操作结果，按标准写出实训报告	报告内容40分，结果正确10分	50分		
5	安全文明生产	正确使用设备和工具，无操作事故	教师掌握	10分		
6	团队合作精神	小组成员分工协作、积极参与	教师掌握	10分		
7	实际总得分			教师签字		

项目3　GPPW7D5 中文编程软件的应用

一、能力目标

1. 学生会安装 GPPW7D5 中文编程软件和仿真软件。
2. 学会使用 GPPW7D5 中文编程软件和仿真软件。

二、使用材料及工具（见表 3-1）

表 3-1　器件工具材料表

名　称	型号或规格	数　量	名　称	型号或规格	数　量
可编程控制器	FX_{2N}-48MR	1台	计算机	带三菱编程软件、编程电缆	1台
手持编程器	FX-20P-E	1台	连接电缆	E-20TP-CAB	1根
中文编程软件	GPPW7D5	1套			

三、项目要求

① 学会 GPPE7D5 中文编程软件的安装、启动、退出、升级。
② 能使用程序的编写、检查、下载、注释、修改、运行、仿真等功能。

四、学习形式

以小组学习方式进行集中讲解、个别辅导、上机操作。

五、原理说明

（一）概述

可编程控制器的用户程序是通过编程设备输入 PLC 的，因此编程器是 PLC 必不可少的外部设备，它一方面可对 PLC 进行编程，另一方面又能对 PLC 的工作状态进行监控。FX 系列可编程控制器有以下几种编程设备。

1. FX-20P-E（FX-10P-E）手持式编程器（Handy Programming Panel，HPP）

可用于 FX 系列 PLC 的指令表程序输入。FX-20P-E 四行显示，FX-10P-E 两行显示。

2. GP-80FX-E 图形编程器

这是一种大型的专用 PLC 编程器，可用于梯形图和指令表程序输入。

3. 计算机与编程软件

能在个人电脑上进行编程操作，可输入梯形图或指令表程序，为目前比较流行做法。

在上述三种编程设备中，目前采用编程软件的方法越来越多。图形编程器基本不用，而手持式编程器由于简便，比较适合现场参数调整或程序简单调试，因此，仍有较多的应用。本书项目 4 将介绍它们的使用。

（二）GPPW7D5 中文编程软件的安装和升级步骤

（1）关闭所有应用程序，在光盘驱动器内插入安装光盘。

（2）按照安装程序的提示完成安装，具体过程如下。

① 将光盘放入光驱 I（设光驱为 I 盘），找公共部件安装文件，操作方法为：选择并进入 I：\ GPPW7D5 中文版 \ GX_COM 文件夹下，选择并运行 SETUP.EXE 安装文件。

② 安装设置程序 Environment of MELSOFT，操作方法为：选择并进入 I：\ GPPW7D5 中文版 \ ENVMEL 文件夹下，选择并运行 SETUP.EXE 安装文件。

③ 安装 GX Developer Version 7，操作方法为：选择并进入 I：\ GPPW7D5 中文版文件夹下，选择并运行 SETUP.EXE 安装文件。整个过程如下所示。

```
GPPW7D5 中文版 \ GPPW7D5 ─┬─→ GX_COM \ 双击 SETUP.EXE ──→ 确定
                         ├─→ ENVMEL \ 双击 SETUP.EXE ──→ 下一个(N) ──→ 下一个(N) ──→ 结束
                         └─→ 双击 SETUP.EXE ──→ 确定 ──→ 下一个(N) ──→ 下一个(N)
                             ──→ 是(Y) ──→ 输入产品序列号，下一个(N) ──→ 下一个(N)
                             ──→ 下一个(N) ──→ 浏览(R)，下一个(N) ──→ 确定即可
                             N 是英文 Next（下一个）的缩写
```

④ GPPW7D5 中文编程软件的升级，操作方法是：I：\ GPPW7D5 中文版 \ UPDATE \ 双击 AXDIST.EXE 或 DCOM95.EXE，等待文件复制完成即可。其中 DCOM95.EXE 文件是专为 Win95 系统的升级文件，AXDIST.EXE 文件是其他系统的升级文件。

（三）GPPW7D5 中文编程软件的使用

1. 软件的启动与退出

在桌面上，以鼠标选择并执行［开始］—［所有程序］—［MELSOFT 应用程序］—［GX Developer］即可启动，其对话框如图 3-1；执行［工程］—［GX Developer 关闭］即可退出软件。

2. 编程界面菜单介绍（如图 3-2 所示）

（1）工程（F）

① 创建新工程 通过选择［工程］—［创建新工程］菜单项（见图 3-3），或者按"Ctrl＋N"键操作，然后在创建新工程对话框中选择程序的目标 PLC 系列、PLC 类型、程序类型、标号设置、生成和程序名同名的软元件内存数据、工程名设置（包括设置工程名、驱动器/路径、工程名和标题），见图 3-4 所示。

课题一 基本指令部分

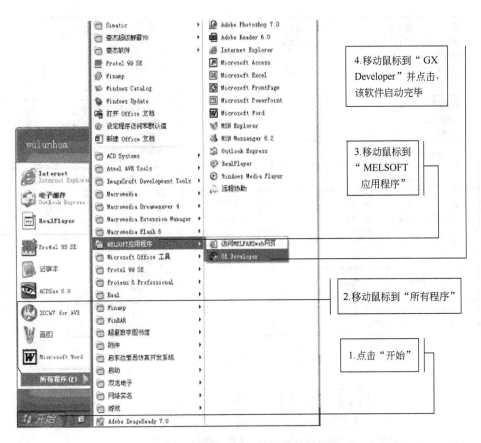

图 3-1 GPPW7D5 软件启动过程

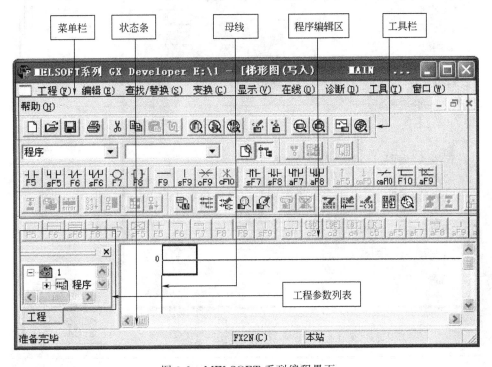

图 3-2 MELSOFT 系列编程界面

15

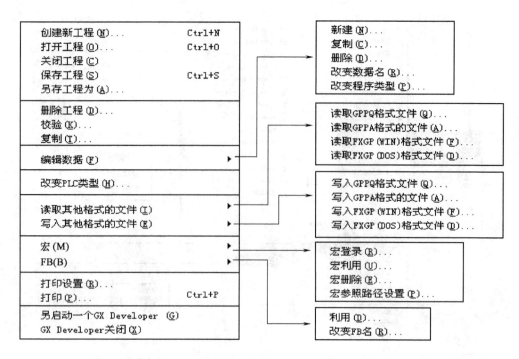

图 3-3 工程下拉菜单图

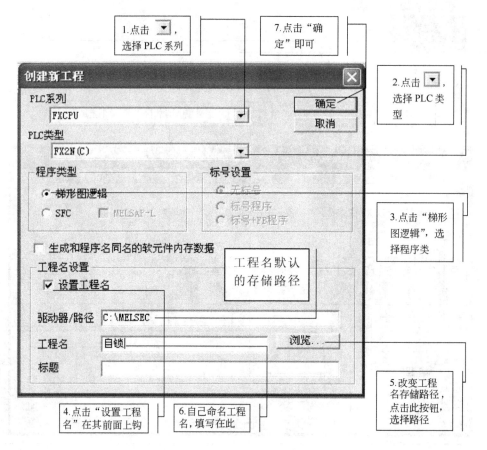

图 3-4 创建新工程图

② 打开工程　从一个文件列表中打开一个程序以及诸如注释数据之类的数据，操作方法是：先选择工程-打开工程菜单或按快捷键"Ctrl＋O"，再在打开的文件菜单中选择一个所需的程序后，单击打开即可，如图 3-5 所示。

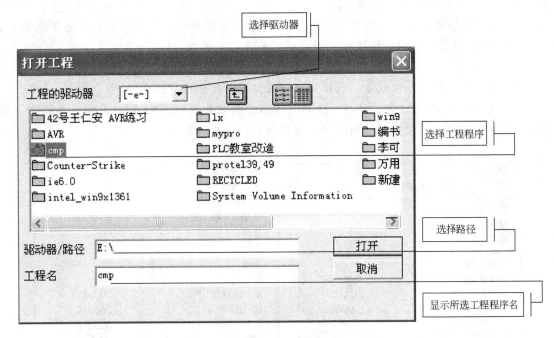

图 3-5　打开工程图

③ 工程的保存和关闭　在当前路径下保存当前程序、注释数据以及其他在同一文件名下的数据。如果是第一次保存，且不存在当前路径下，屏幕显示如图 3-6 所示的文件菜单对

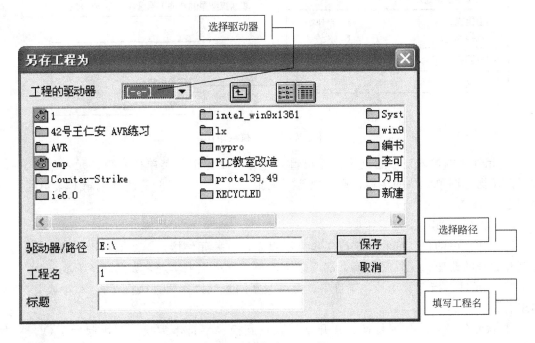

图 3-6　保存工程图

话框，可通过该对话框将当前程序赋名并保存下来。操作方法是：执行工程-保存工程/另存工程为菜单操作或按"Ctrl+S"键操作即可。

将已处于打开状态的程序关闭，再打开一个已有的程序及相应的注释和数据，操作方法是执行工程-关闭打开工程菜单即可。

④ 梯形图/指令表编程　执行梯形图/列表显示切换键操作可实现指令表状态下的编程；再执行梯形图/列表显示切换键操作就回到梯形图状态下编程。

（2）编辑（E）

编辑操作只能在写入模式下进行操作，下面介绍相关的操作。

① 梯形图单元块的剪切、复制、粘贴；行列的删除和插入，NOP批量插入和删除，画线写入和删除，都是通过执行编辑菜单栏实现，如图3-7所示。

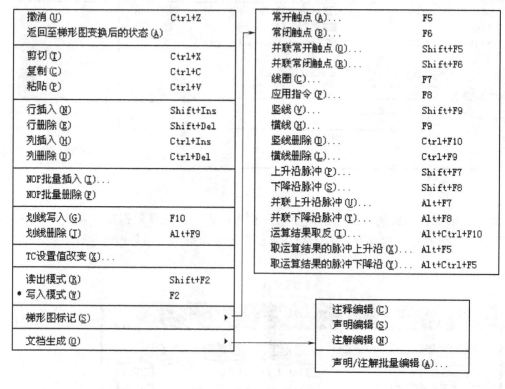

图 3-7　编辑下拉菜单图

② 元件名的输入，可通过执行［编辑］—［梯形图标记］菜单栏实现；元件注释、线圈注释以及梯形图单元块的注释，通过执行［编辑］—［文档生成］—［注释编辑］菜单栏实现；如图3-7所示。

（3）查找/替换（S）

光标到程序的顶、底和指定程序步显示程序，有关元件接点、线圈和指令的查找，元件类型和编号的改变，元件的替换，都通过执行查找菜单栏来实现，如图3-8所示。

① 软元件、指令、步号、字符串、触点线圈的查找操作通过执行［查找/替换］菜单栏实现。

② 软元件替换、指令替换、常开常闭触点互换、字符串替换、模块起始 I/O 号替换、声明/注解类型替换，通过执行［查找/替换］菜单栏实现，如图3-8所示。

（4）变换（C）

工程的保存必须在变换成功的前提下才能进行。变换操作通过执行［变换］—［变换］菜单栏实现，如图 3-9 所示。

（5）显示（V）

注释、声明、注解、机器名、宏命令形式、工具条、状态条、放大/缩小、工程数据列表等的显示，通过执行［显示］菜单栏实现的，如图 3-10 所示。

（6）在线（O）

PLC 的在线操作是指 PLC 与编程器之间进行通讯设置及相关的操作，通过执行［在线］菜单栏实现（见图 3-11）。

软元件查找(D)...	
指令查找(I)...	
步号查找(N)...	
字符串查找(S)...	
触点线圈查找(C)	Alt+Ctrl+F7
软元件替换(R)...	
指令替换(F)...	
常开常闭触点互换(A)...	
字符串替换(W)...	
模块起始I/O号替换(M)...	
声明/注解类型替换(K)...	
触点线圈使用列表(X)...	
软元件使用列表(U)...	

图 3-8　查找/替换下拉菜单图

① PLC 读取、写入、校验、数据的删除和数据属性改变等操作，操作方法为：执行［在线］加对应的操作菜单即可。

变换(C)	F4
变换(编辑中所有程序)(A)	Alt+Ctrl+F4
变换(运行中写入)(R)	Shift+F4

图 3-9　变换下拉菜单图

② 程序的在线监视　监视程序的在线运行情况，操作方法为：执行［在线］—［监视］加对应的操作菜单即可。

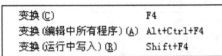

③ 程序的在线调试　程序的在线运行现场调试（不用断开线路的调试），操作方法为：执行［在线］—［调试］加对应的操作菜单即可。

a. 强制 PLC 输出端口（Y）输出 ON/OFF。操作方法是执行［在线/调试/软元件测试］，出现软元件测试强制 Y 输出对话框，如图 3-12 所示。鼠标单击“强制 ON/OFF 取反”按钮即可。

注释显示(C)	Ctrl+F5	
声明显示(M)	Ctrl+F7	
注解显示(N)	Ctrl+F8	
机器名显示(L)	Alt+Ctrl+F6	
宏命令形式显示(I)		
注释显示形式(F)	▶	• 4 × 8 字符 3 × 5 字符
机器名显示形式(A)	▶	✓ 替换软元件显示(R) 并列软元件显示(A)
工具条(T)...		
状态条(S)		
放大/缩小(Z)...		
工程数据列表(P)	Alt+0	
列表显示(V)	Alt+F1	
触点数设置(G)	▶	• 9触点(F) 11触点(E)
线路使用时间显示(E)		

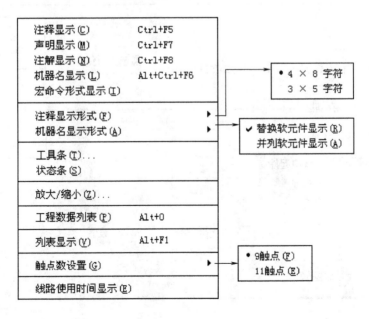

图 3-10　显示下拉菜单图

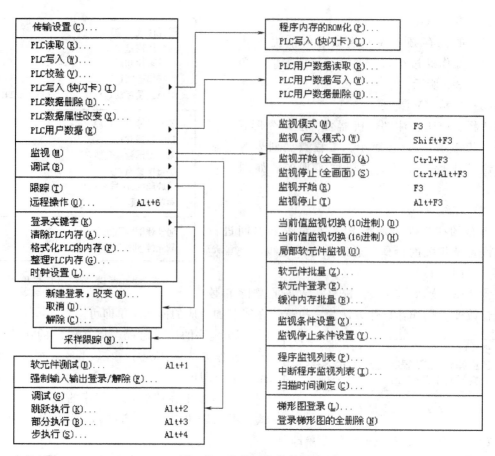

图 3-11 在线下拉菜单图

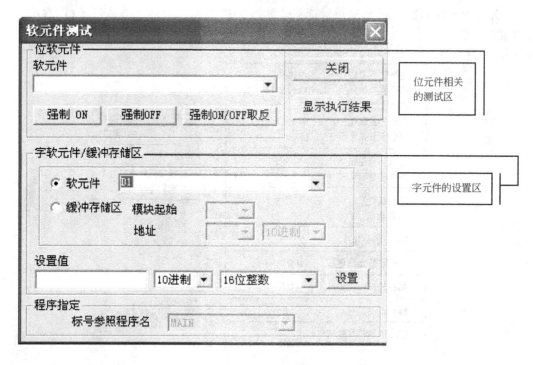

图 3-12 软元件测试对话框图

b. 强制设置或重新设置 PLC 的位元件状态。操作方法是执行［在线/调试/软元件测试］菜单命令，屏幕显示强制设置重置对话框，如图 3-12 所示。鼠标单击"强制 ON/OFF 取反"按钮即可。

c. 改变 PLC 字元件的当前值。操作方法是执行［在线/调试/软元件测试］菜单命令。在此选定元件并设定新的当前值，点击设置键，选定元件的当前值则被改变，如图 3-12 所示。

d. 改变 PLC 中计数或计时器的设置值。操作方法是在梯行图监控中，如果光标所在位置为计数器或计时器的输出命令状态，执行［在线/调试/软元件测试］菜单命令，屏幕显示改变设置值对话框。在此设置待改变的值并点击设置按钮，指定元件的设置值就被改变。如果设置输出命令的是数据寄存器，或光标正在应用命令位置并且 D, V 或 Z 当前可用，该功能同样可被执行。在这种情况下，元件号可被改变。

```
PLC诊断(P)...
网络诊断(N)...
以太网诊断(E)...
CC-Link诊断(C)...
系统监视(S)...
```

图 3-13　诊断下拉菜单

④ 程序的采样跟踪　跟踪监视并采集信号，操作方法为：执行［在线］—［跟踪］—［采样跟踪］菜单即可。

（7）诊断（D）

PLC 诊断是对运行的 PLC 进行通讯和程序运行情况的判断（见图 3-13）。

（8）工具（T）

① 程序的检查　执行工具-程序检查，选择相应的检查内容，然后单击确认，可实现对程序的检查。

② 程序的传送　传送功能如下。

a. 读入　将 PLC 中的程序传送到计算机中。

b. 写出　将计算机中的程序发送到 PLC 中。

c. 核对　将在计算机与 PLC 中的程序加以比较核对，操作方法是执行 PLC—传送—读入、写出、核对菜单完成操作。当选择读入时，应在 PLC 模式设置对话框中将已连接的 PLC 模式设置好，操作菜单如图 3-14 所示。

传送程序时，应注意以下问题。

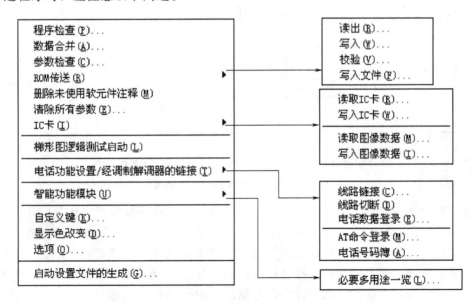

图 3-14　工具下拉菜单图

a. 计算机的 RS232C 端口及 PLC 之间必须用指定的缆线及转换器连接。

b. 执行完读入后，计算机中的程序将被丢失，原有的程序将被读入的程序所替代，PLC 模式改变成被设定的模式。

c. 在写出时，PLC 应停止运行，程序必须在 RAM 或 EEPROM 内存保护关断的情况下写出，然后进行核对。

③ 程序的仿真 执行工具-梯形图逻辑测试启动菜单命令即可启动；执行工具-梯形图逻辑测试结束菜单命令即可停止。

(9) 窗口 (W)

在菜单条单击"窗口 (W)">"重叠显示 (C)"/"左右并列显示 (V)"/"上下并列显示 (T)"/"安排图标 (A)"/"关闭所有的画面 (W)"可以改变窗口排列方式，也可在不同窗口间切换，如图 3-15 所示。

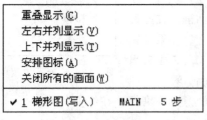

图 3-15 选择窗口显示方式

(10) 帮助 (H)

从菜单"帮助 (H)"可以获得联机帮助，如图 3-16 所示。

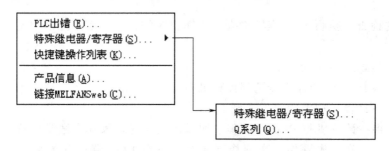

图 3-16 帮助菜单

3. 软件的使用

【例 3-1】 输入如图 3-17(a) 所示的梯形图。

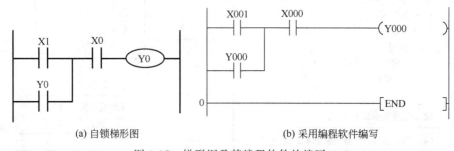

(a) 自锁梯形图   (b) 采用编程软件编写

图 3-17 梯形图及其编程软件的编写

请读者注意两图略有不同，但是表达同样的内容，在本书其他项目中，采用图 3-17(a) 的表示方法，而图 3-17(b) 是采用编程软件编写的结果。具体步骤如图 3-18～图 3-22 所示。

(1) 工程的管理 通过选择 [工程]-[创建新工程] 菜单项，或者按 [Ctrl]+[N] 键操作，然后在创建新工程对话框中选择自锁程序的目标 PLC 系列、PLC 类型、程序类型、标号设置、生成和程序名同名的软元件内存数据、工程名设置（包括设置工程名、驱动器/路径、工程名和标题），如图 3-4 所示。按"确定"后，出现图 3-2 的 MELSOFT 系列 GX De-

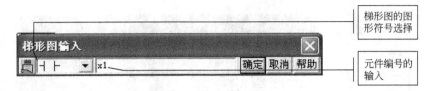

图 3-18 梯形图输入对话框

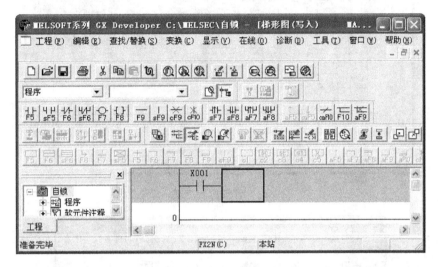

图 3-19 MELSOFT 系列 GX Developer 图（梯形图写入状态）

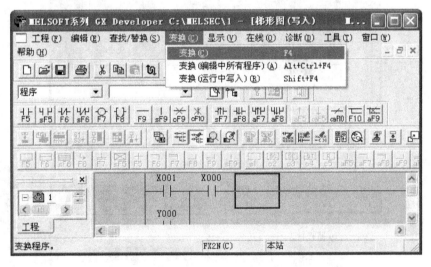

图 3-20 变换图

veloper 图。

（2）元件输入的步骤如图 3-4（以输入 X0 为例说明） 用鼠标选择并点击图 3-2 中的"常开触头 F5"，出现图 3-18 的梯形图输入对话框。按图 3-18 梯形图输入对话框中的"确定"按钮即可，出现图 3-19。

（3）程序的保存 具体操作为：执行变换\变换，然后执行保存功能即可，如图 3-20 所示。单击"变换"，编辑框由灰色变成白色，这时才能执行保存功能操作。

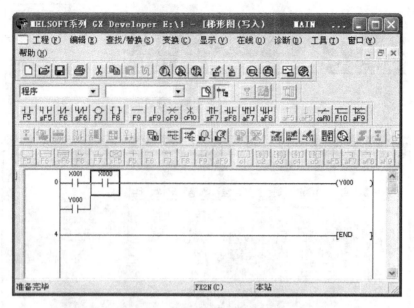

图 3-21 梯形图程序写入图

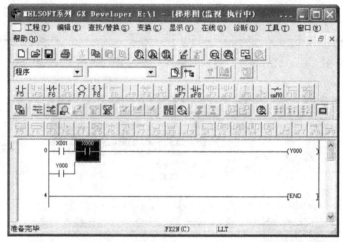

(a) 梯形图监视执行图

(b) 监视状态图

(c) 梯形图逻辑测试工具图

图 3-22 梯形图监视步骤

程序的保存和关闭　保存当前程序、注释数据以及其他在同一文件名下的数据。如果是第一次保存，屏幕显示如图 3-6 所示的文件菜单对话框，可通过该对话框将当前程序赋名并保存下来。操作方法是：执行工程-保存/另存为菜单操作或按 Ctrl＋S 键操作即可。

将已处于打开状态的程序关闭，再打开一个已有的程序及相应的注释和数据，操作方法是执行工程-关闭打开工程菜单即可，如图 3-3 所示。

（4）仿真　执行工具-梯形图逻辑测试启动菜单命令即可启动；执行工具-梯形图逻辑测试结束菜单命令即可停止。

【例 3-2】　请使用仿真软件仿真自锁电路图 3-17 的程序，以此例说明仿真过程的操作。

在保存后，按下"梯形图逻辑测试启动/结束"快捷菜单即可。整个过程如图 3-21～图 3-26 所示。

启动时，先将停止用的软元件 X0 接通，其操作方法为：用鼠标选择元件，然后用右键点击所选元件，如图 3-23 所示。

图 3-23　强制 X0 为 ON 的图

执行［软元件测试］菜单命令，将出现如图 3-24 对话框。

按"强制 ON"按钮，将出现如下图 3-25 所示，表示停止按钮接通。

模仿启动按钮 X001 的动作过程，即按下去接通，然后松开就断开。因此，在仿真时，连续按"强制 ON/OFF 取反"两次即可模仿启动按钮的动作，结果如图 3-26 所示。此时启动仿真成功。

4．GPPW7D5 仿真软件的安装

仿真软件的安装过程如下。

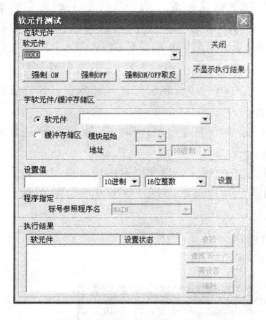

图 3-24 软元件测试对话框

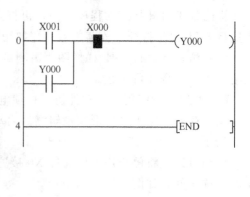

图 3-25 X0 接通图

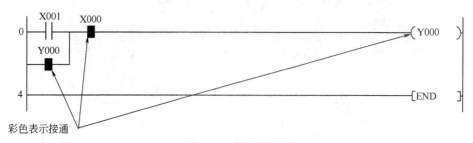

图 3-26 仿真梯形图

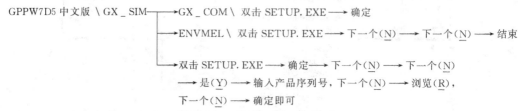

与 GPPW7D5 编程软件的安装基本相同。注：GPPW7D5 仿真软件的升级与 GPPW7D5 编程软件的升级安装完全相同。

六、实训

（一）编程实训目的

通过上机操作，熟悉 GPPW7D5 编程软件的主要功能，初步掌握该编程软件的使用方法。

（二）实训内容及指导

1. 编程准备

检查 PLC 与计算机的连接是否正确，计算机的 RS232C 端口与 PLC 之间是否用指定的缆线与转换器连接；使 PLC 处与"停机"状态；接通计算机和 PLC 的电源。

2. 编程操作

① 打开 GPPW7D5 中文编程软件，建立一个程序文件。

② 采用梯形图编程的方法，将图 3-17 所示的梯形图程序输入计算机，并通过编辑操作对程序进行修改和检查，最后将编辑好的梯形图程序保存，并将文件命名。

3. 程序的传送

（1）程序的写出　打开程序文件，通过［写出］操作将程序文件 *.pmw 传送到 PLC 用户存储器 RAM 中，然后进行核对。

（2）程序的读入　通过［读入］操作将 PLC 用户存储器中已有的程序读入到计算机中，然后进行核对。

（3）程序的核对　在上述程序核对过程中，只有当计算机对两端程序比较无误后，方可认为程序传送正确，否则应查清原因，重新传送。

4. 运行操作

程序传送到 PLC 用户存储器后，可按以下操作步骤运行程序。

① 根据梯形图程序，将 PLC 的输入/输出端与外部输入信号连接好。PLC 输入/输出端编号及说明如表 3-2 所示。

表 3-2　PLC 输入/输出端（I/O 分配表）编号及说明

输入端编号	功 能 说 明	输出端编号	功 能 说 明
X0	停止按钮	Y0	连续运行，输出驱动接触器等的线圈
X1	启动按钮		

② 接通 PLC 运行开关，PLC 面板上 RUN 灯亮，表明程序已投入运行。

③ 结合控制程序，操作有关输入信号，在不同输入状态下观察输入/输出指示灯的变化，若输出指示灯的状态与程序控制要求一致，则表明程序运行正常。

5. 监控操作

① 元件的监视　监视 X0~X1，Y0 的 ON/OFF 状态，并将结果填于表 3-3 中。

表 3-3　元件监视结果一览表

元　件	ON/OFF	元　件	ON/OFF	元　件	ON/OFF	备　注
X0		X1		Y0		

② 输出强制 ON/OFF：对 Y0 进行强制 ON/OFF 操作。

6. 实训考核

考核项目、内容、要求及评分标准如表 3-4 所示。

表 3-4　编程软件应用考核表

考核项目	考核内容	配分	考核要求及评分标准	得分	备注
编程操作	建立程序文件 程序的编辑 程序的传送	40 分	能建立程序文件 5 分 能正确输入程序 20 分 能写入/读出程序 15 分		
监控操作	元件监视 强制输出 ON/OFF 修改当前值 修改设定值	30 分	会监视元件的动作状态 10 分 能强制输出 ON/OFF 5 分 会修改字元件当前值 5 分 会修改 T，C 设定值 10 分		

续表

考核项目	考核内容	配分	考核要求及评分标准	得分	备注
运行操作	系统建立 程序运行 运行调试	30分	会选择I/O点 5分 会运行程序 5分 会调试程序,结果正确 20分		
记分		100分			

七、思考题

1. 程序进行仿真时,如何操作?
2. 程序进行保存的条件是什么?

项目4 手持式编程器的应用

一、能力目标

1. 了解 FX_{2N} 系列 PLC 的编程设备。
2. 熟练掌握手持编程器的使用,即程序的输入、修改、运行试验。

二、使用材料、工具、设备

使用材料、工具、设备列表见表4-1。

表4-1 使用材料、工具、设备列表

名称	型号或规格	数量	名称	型号或规格	数量
可编程控制器	FX_{2N}-48MR	1台	开关		4个
手持编程器	FX-20P-E	1台	指示灯	DC24V	8个
连接电缆	E-20TP-CAB	1根	连接导线		若干
按钮		4个	电工工具	自备	1套

三、项目要求

熟悉手持编程器的使用。能用手持编程器进行 PLC 程序的输入、修改、运行、监控等操作。

四、学习形式

根据实际条件进行分组,可采用探究学习法,培养学生的自学能力和组织协调能力。

五、原理说明

(一) FX-20P-E 手持式编程器简介

FX-20P-E 的结构和组成如下。

FX-20P-E 手持式编程器由液晶显示屏、ROM 写入器接口、存储器卡盒的接口及由功能键、指令键、元件符号键和数字键等键盘组成,如图4-1所示。

(1) 液晶显示屏 FX-20P-E 能同时显示4行,每行16个字符,在编程操作时,显示屏

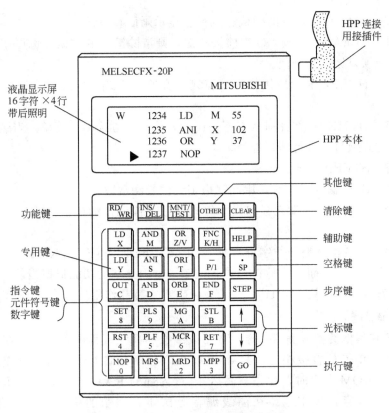

图 4-1　FX-20P-E HPP 的操作面板

上显示的内容如图 4-2 所示。同类型的 FX-10P-E，主要区别为显示 2 行，如图 4-2 所示。

（2）键盘　键盘由 35 个按键组成，包括功能键、指令键、元件符号键和数字键。

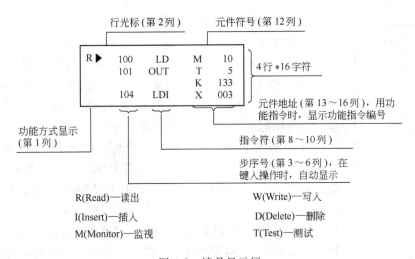

图 4-2　液晶显示屏

① 功能键（方式选择）

RD/WR：　　读出/写入键；

INC/DEL：　　插入/删除键；

MNT/TEST：监视/测试键。

② 执行键　GO：用于指令的确认、执行、显示画面和检索。

③ 清除键　CLEAR：如按 GO 键前按此键，则清除键入的数据，也可用于清除显示屏上的错误信息或恢复原来的画面。

④ 帮助键　HELP：显示应用指令一览表。在监视方式下，进行十进制数和十六进制数的转换。

⑤ 其他键　OTHER：在任何状态下按此键，将显示方式项目菜单。安装 ROM 写入模块时，在脱机方式项目上进行项目选择。

⑥ 步序键　STEP：设定步序号。

⑦ 空格键　SP：输入指令时，用此键指定元件号和常数。

⑧ 光标键　↑、↓：移动光标和提示符；指定当前元件的前一个或后一个地址号的元件；作行滚动。

⑨ 指令键、元件符号键和数字键　如：LD/X；SET/8；FNC/K/H；这些键均是复用键，上面为指令符号，下面为元件符号或者数字。键内上下的功能根据当前的操作自动进行切换，如元件符号［Z/V］、［K/H］，［P/I］上下部交替起作用。

（二）编程器的操作

FX-20P-E 和其他类型编程器一样，有在线编程和离线编程两种方式。在线编程也叫联机编程，编程器和 PLC 直接相连，并对 PLC 用户程序存储器进行直接操作。在写入程序时，若未装 EEPROM 卡盒时，程序就写入 PLC 内部的 RAM，若装有 EEPROM 卡盒时，则程序就写入了该存储器卡盒。在离线编程方式下，编制的程序先写入编程器内部的 RAM，再成批地传送到 PLC 的存储器，也可以在编程器和 ROM 写入器之间进行程序传送。

编程操作按下述步骤进行。不管是联机方式还是脱机方式，基本编程操作相同。

1. 操作过程。

HPP 编程器的操作过程如下。

操作准备→方式选择→编程→监视→测试→结束。

（1）操作准备　打开 PLC 上部连接 HHP 用的插座盖板，用 HPP 带的电缆 FX-2OP-CAB 连接 HPP 和 PLC，接通 PLC 电源。

（2）方式选择　用 HPP 的键操作进行联机/脱机方式和功能选择。接通电源后，在 HPP 显示屏上显示出如图 4-3 最上部所示的画面，显示 2s 后转入下一个联机/脱机方式画面，根据光标的指示选择联机（ONLINE）或脱机（OFFLINE）方式，然后，按 GO 键，进入如图 4-2 的操作显示界面，选择相应的功能键，进行相应的功能操作。

（3）编程　将 PLC 内部用户存储器的程序全部清除（在指定的范围内成批写入 NOP 指令），然后用编程器的编辑功能进行编程。

（4）监视　监视写入的程序是否正确，确认所指定元件的动作和控制状态。

（5）测试　对所指定元件进行强制 ON/OFF 以及进行常数修改。

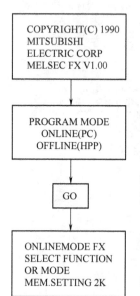

图 4-3　方式选择

2. 编程操作

(1) 程序写入 写入程序之前，功能键应选"WR"，并将PLC内部存储器的程序全部清除（简称"清零"）。清零操作如图4-4所示。

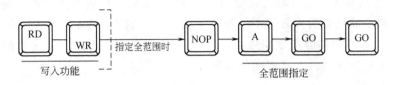

图4-4 NOP成批写入的基本操作

① 基本指令的写入 分以下三种情况。

a. 仅有指令助记符，不带元件。例如，指令ANB，其操作如图4-5(a)所示。
b. 有指令助记符和一个元件。例如，指令LD X0，其操作如图4-5(b)所示。
c. 指令助记符带两个元件（或一个元件一个常数）。例如，指令OUT T1 K20，操作如图4-5(c)所示。

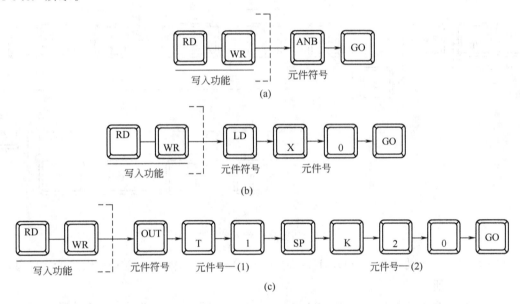

图4-5 写入的基本操作

在指令输入过程中，若要修改，可按图4-6所示的操作进行。分两种情况：

一是指令输入时，还没有按GO键，可直接按CLEAR键，清除已输入的指令部分，重

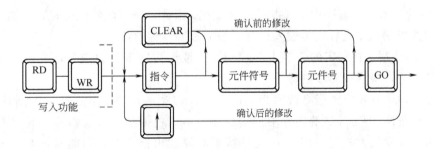

图4-6 修改程序的基本操作

新输入新的指令；

二是指令输入时，如已按 GO 键，可按 ↑ 键，将光标对准需修改的指令行，重新输入新的指令，按 GO 键确认。

② 功能指令的写入　写入功能指令时，按 FNC 键后，再输入功能指令编号。

输入功能指令编号有两种方法：一是已知功能指令编号，然后直接输入，基本操作如图 4-7(a) 所示；二是不知功能指令编号，借助于 HELP 键的功能，在所显示的功能指令一览表上检索指令编号后再输入，基本操作如图 4-7(b) 所示。

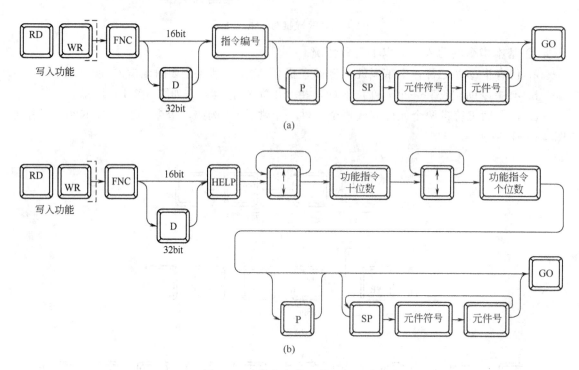

图 4-7　功能指令输入的基本操作

【例 4-1】　写入功能指令 (D)MOV(P)D0 D2，已知功能指令 MOV 编号为 12，其键操作如图 4-8(a) 所示。

【例 4-2】　写入功能指令 INC(P)D0，不知功能指令 INC 的编号，其键操作如图 4-8(b) 所示。

③ 元件的写入　在基本指令和功能指令的写入中，往往要涉及元件的写入。

例如写入功能指令 MOV K1X10Z D1，其键操作如图 4-9 所示。

④ 标号的写入　在程序中 P（指针）、I（中断指针）作为标号使用时，其输入方法和指令相同，即按 P 键或 I 键后，再键入标号，最后按 GO 键确认。

⑤ 程序的改写　在指定的步序上改写指令。读出指定步序的指令，直接写入新的指令或需改写的部分，最后按 GO 键确认。

如果要将原 100 步上的指令改写为 OUT T50 K123，其键操作如图 4-10 所示。

(2) 读出程序　从 PLC 的内存中读出程序，可以根据步序号、指令、元件及指针等几种方式读出。在联机方式时，PLC 在运行状态时要读出指令时，只能根据步序号读出；若 PLC 为停止状态时，还可以根据指令、元件以及指针读出。在脱机方式中，无论 PLC 处于

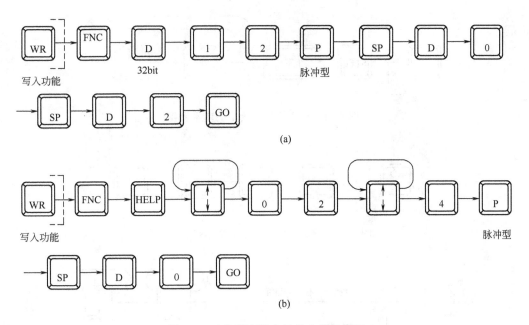

图 4-8 功能指令输入的基本操作举例

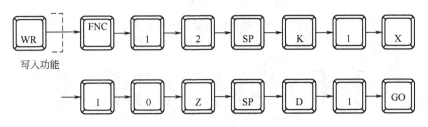

图 4-9 元件写入的基本操作举例

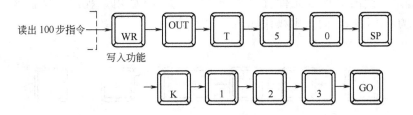

图 4-10 程序改写的基本操作举例

何种状态，四种读出方式均可。

① 根据步序号读出　指定步序号，从 PLC 用户程序存储器中读出并显示程序的基本操作如图 4-11 所示。

例如要读出第 55 步的程序，其键操作如图 4-12 所示。

② 根据指令读出　指定指令，从 PLC 用户程序存储器中读出并显示程序（PLC 处于 STOP 状态）的基本操作如图 4-13 所示。如果要再读同样的指令，可在第一条指令读出后，再按 GO 键，就能读出与第一条同样的指令，再按 GO 键，再读出（如果有的话）。

例如要读出指令 PLS M104 的键操作如图 4-14 所示。

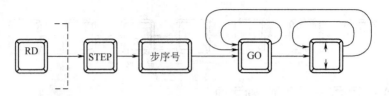

图 4-11 根据步序号读出的基本操作

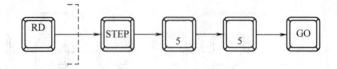

图 4-12 根据步序号读出的基本操作举例

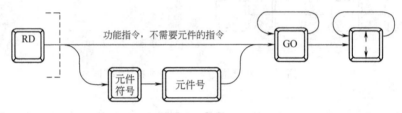

图 4-13 根据指令读出的基本操作

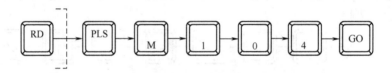

图 4-14 根据指令读出的基本操作举例

③ 根据元件读出 指定元件符号和元件号，从 PLC 用户程序存储器读出并显示程序（PLC 处于 STOP 状态）的基本操作如图 4-15 所示。

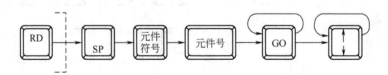

图 4-15 根据元件读出的基本操作

例如读出 Y123 的键操作如图 4-16 所示。

（3）插入程序　插入程序操作是根据步序号读出程序后，在指定位置（光标▷前）插入指令或指针，其操作如图 4-17 所示。

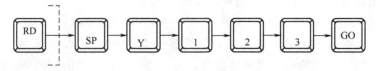

图 4-16 根据元件读出的基本操作举例

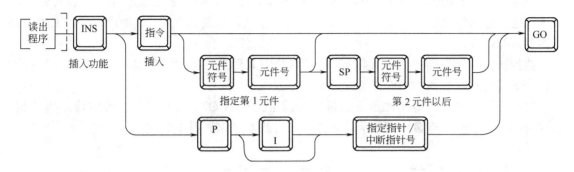

图 4-17 插入的基本操作

例如，在 200 步前插入 AND M5 的键操作，如图 4-18 所示。

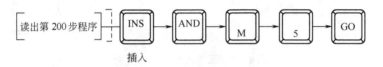

图 4-18 插入的基本操作举例

(4) 删除程序　删除程序分为逐条删除、指定范围的删除和 NOP 式的成批删除。

① 逐条删除读出程序，逐条删除光标指定的指令或指针，基本操作如图 4-19 所示。例如要删除第 100 步 ANI 指令，其键操作如图 4-20 所示。

图 4-19 逐条删除的基本操作　　　　图 4-20 逐条删除的基本操作举例

② 指定范围的删除，从指定的起始步序号到终止步序号之间的程序，成批删除的键操作，如图 4-21 所示。

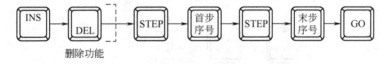

图 4-21 指定范围删除的基本操作

③ NOP 的成批删除，将程序中所有的 NOP 一起删除的键操作，如图 4-22 所示。

3. 监控操作

监控功能可分为监视与测控。

监视功能是通过简易编程器的显示屏监视和确认在联机方式下 PLC 的动作和控制状态。它包括元件的监视、导通检查和动作状态的监视等内容。测

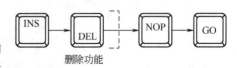

图 4-22 NOP 成批删除的基本操作

控功能主要是指编程器对 PLC 的位元件的触点和线圈进行强制置位或复位，以及对常数的修改。这里包括强制置位、复位，修改 T、C、Z、V 的当前值和 T、C 的设定值，文件寄存器的写入等内容。

监控操作可分为准备、启动系统、设定联机方式和监控操作等几步，前几步与编程操作一样。下面仅对监控操作加以介绍。

（1）元件监视　所谓元件监视是指监视指定元件的 ON/OFF 状态、设定值及当前值。元件为 ON 状态时，有■标记显示，元件监视的基本操作如图 4-23 所示。

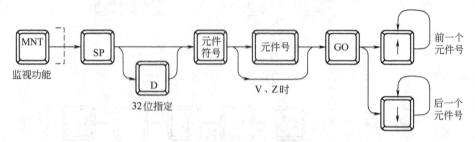

图 4-23　元件监视的基本操作

例如监视 X000 及其以后元件的键操作及显示如图 4-24 所示。

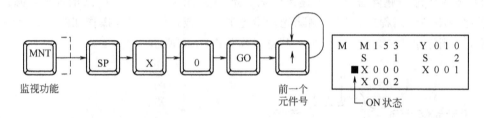

图 4-24　监视 X0 等元件的键操作及显示

（2）导通检查　根据步序号或指令读出程序，监视元件触点的动作及线圈导通，基本操作如图 4-25 所示。

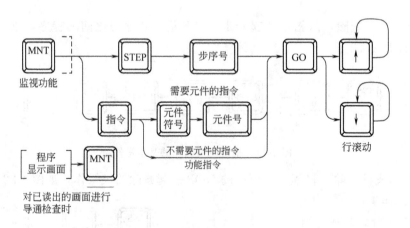

图 4-25　监视及导通检查的基本操作

例如，读出 126 步做导通检查的键操作如图 4-26 所示。

读出以指定步序号为首的 4 行指令后，根据显示在元件左侧的■标记，可监视触点的导通和线圈的动作状态。利用 ↑ 键或 ↓ 键进行行滚动监视。

（3）动作状态的监视　利用步进指令，S 监视的动作状态（状态号从小到大，最多为 8 点）的键操作如图 4-27 所示。

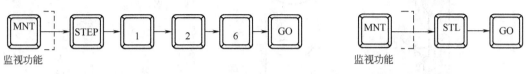

图 4-26　监视及导通检查的基本操作举例　　　图 4-27　状态器 S 监视的基本操作

六、实训

（一）实训要求

通过手持编程器的操作练习，熟悉 FX$_{2N}$ 主机及编程器操作面板上各部分的作用，掌握手持编程器的使用和操作方法。

（二）方法及步骤

1. 接线

在主机的输入端子 X0～X3 与 COM 间接上按钮，输入端子 X4～X7 与 COM 间接上开关（保持式按钮）；在电源端子"L"和"N"端接上 AC 220V 电源；将主机上的运行开关置于"STOP"位置。

2. 编程准备

① 将编程器与主机连接；

② 将主机运行开关断开，使主机处于"停机"状态；

③ 接通电源，主机面板上的"POWER"灯亮，即可进行编程。

3. 编程操作

（1）程序"清零"　程序"清零"后，显示屏上全为 NOP 指令，表明 RAM 中的程序已被全部清除。

（2）程序写入　例如将图 4-28 所示梯形图所对应的指令程序写入主机 RAM，并调试运行程序。

注意

程序中第 28 步 LDF X6 输入的键操作为：LD→F→X→6→GO

程序中第 32 步 LDP X7 输入的键操作为：LD→P→X→7→GO

每键入一条指令，必须按一下 GO 键确认，输入才有效，步序号自动递增；每写完一条指令时，显示屏上将显示出步序号、指令及元件号。

若输入出错，按 GO 键前，可用 CLEAR 键自动清除，重新输入；按 GO 键后，可用 ↑ 或 ↓ 键将光标移至出错指令前，重新输入，或删除错误指令后，再插入正确指令。

（3）程序读出　将写入的指令程序读出校对，可逐条校对，也可根据步序号读出某条指令校对。

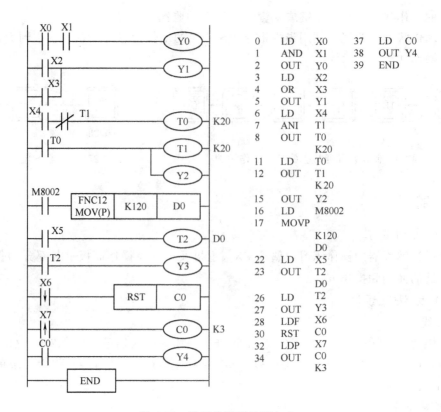

图 4-28 练习梯形图及语句表

（4）程序修改　若要插入指令，应按 INS/DEL 键，首先选择插入功能，再用↑或↓键将光标移至要插入的位置，然后按程序写入的方法插入指令，后面的程序步自动加 1。

若要插入指令，应按 INS/DEL 键，首先选择插入功能，再用↑或↓键将光标移至要插入的位置，然后按程序写入的方法插入指令，后面的程序步自动加 1。

若要删除某条指令，应再按一次 INS/DEL 键，首先选择删除功能，再将光标移至要删除的指令前，然后按 GO 键，指令即被删除，后面的程序步自动减 1。

4．运行操作

（1）将图 4-28 中的指令程序写入主机 RAM 后，可按以下操作步骤将程序投入运行。接通主机运行开关，主机面板上 RUN 灯亮，表明程序已投入运行；如果主机板面上"PROGE"灯闪烁，表明程序有错。此时应中止运行，并检查和修改程序中可能存在的语法错误或回路错误，然后重新运行。图 4-28 中的指令程序功能如下：

① 当 X0 和 X1 为 ON 时，Y0 为 ON；

② 当 X2 或 X3 为 ON 时，Y1 为 ON；

③ 当 X4 为 ON 时，Y2 交替导通，"ON" 2s，"OFF" 2s；

④ 当 X5 为 ON 时，Y3 为 12s 后导通；

⑤ 当按一下 X7，C0 计数一次，三次后，Y4 为 ON；当按一下 X6，C0 复位，Y4 为 OFF。

（2）在不同输入状态下观察输入、输出指示灯的状态。若输出指示灯的状态与控制程序的要求一致，则表明程序调试成功。

5. 监控操作

(1) 元件监视　监视 X0～X7、Y0～Y07 的 ON/OFF 状态，监视 T0、C0 和 T2 的设定值及当前值，并将监视结果填于表 4-2。

表 4-2　元件状态监视表

元件	ON/OFF	元件	ON/OFF	元件	设定值	当前值
X0		Y0		T0		
X1		Y0		C0		
X2		Y1		T2		
X3		Y1				
X4		Y2				

(2) 导通检查　读出以第 6 步为首的 4 行指令，利用显示在元件左侧的■标记，监视触点和线圈的动作状态。

七、思考练习题

1. PLC 有哪几种程序输入方式？各有什么特点？
2. 用手持编程器输入以下所列的程序指令表。

(1) 程序的功能　PLC 运行开始后，依次点亮输出继电器 Y0～Y17，间隔时间 2s，全部点亮并维持 3s 后又全部熄灭。熄灭 2s 自动转入下一轮循环。

(2) 程序指令表（输入 20min）

LD	M8002	OUT	Y3	LD	T6	SP	K20	OUT	T14
SET	S20	OUT	T3	OUT	Y7	LD	T10	SP	K20
STL	S20	SP	K20	OUT	T7	OUT	Y13	LD	T14
OUT	Y0	LD	T3	SP	K20	OUT	T11	OUT	Y17
OUT	T0	OUT	Y4	LD	T7	SP	K20	OUT	T15
SP	K20	OUT	T4	OUT	Y10	LD	T11	SP	K30
LD	T0	SP	K20	OUT	T8	OUT	Y14	LD	T15
OUT	Y1	LD	T4	SP	K20	OUT	T12	SET	S21
OUT	T1	OUT	Y5	LD	T8	SP	K20	STL	S21
SP	K20	OUT	T5	OUT	Y11	LD	T12	OUT	T16
LD	T1	SP	K20	OUT	T9	OUT	Y15	SP	K20
OUT	Y2	LD	T5	SP	K20	OUT	T13	LD	T16
OUT	T2	OUT	Y6	LD	T9	SP	K20	OUT	S20
SP	K20	OUT	T6	OUT	Y12	LD	T13	RET	
LD	T2	SP	K20	OUT	T10	OUT	Y16	END	

3. 程序的编辑操作练习内容

(1) 根据指令语句,查找相同指令语句的条数和相应的指令步序号。

① "OUT T5";② "LD T9";③ "STL S21"。

(2) 根据指令步序号,查找相应的指令语句。

① "10";② "36";③ "64"。

(3) 修改时间

① 修改输出继电器 Y 依次点亮的时间为 1s,即"OUT T0~T14"的"SP K20"改为"SP K10",修改完成正确后,复原。

② 修改输出继电器 Y 全部点亮后的维持时间为 5s,即"OUT T15"的"SP K30"改为"SP K50",修改完成正确后,复原。

③ 修改输出继电器 Y 全部熄灭维持时间为 3s,即"OUT T16"的"SP K20"改为"SP K30",修改完成正确后,复原。

(4) 修改程序

① 把语句"LD T16"改为"LDI M0",观察运行结果,判明不同点。然后,复原。

② 把语句"LD T13"改为"LD T7",观察运行结果,判明不同点。然后,复原。

(5) 插入

在语句"OUT Y7"后插入"END"指令,观察运行结果,再删除。

(6) 程序全部清除

八、实训考核及标准

考核项目、内容、要求及评分标准如表 4-3 所示,考核以图 4-28 的程序进行。

表 4-3 实训考核测评表

考 核 项 目	PLC 程序输入及编辑操作	时间	25min	满分	100 分
考 核 内 容	评 分 标 准	测试时间过程结果记录		测试者测评结果	得分
		开始时间	结束时间	扣分	
(一)程序输入	① 不会程序输入,扣 40 分				
	② 通电试验失败一次,扣 10 分				
	③ 每超时 2min,扣 20 分				
(二)修改时间,并复原	① 不会修改,扣 15 分				
	② 通电试验失败一次,扣 5 分				
	③ 不会恢复,扣 5 分				
	④ 每超时 1min,扣 5 分				
(三)查找指定的指令,共有几条,写出步序号	① 不会查找,扣 10 分				
	② 少查找一条,扣 3 分				
	③ 书写错误,每条扣 3 分				
	④ 每超时 1min,扣 5 分				
(四)查找指定步序为何指令	① 不会查找,扣 10 分				
	② 少查找一条,扣 3 分				
	③ 书写错误,每条扣 3 分				
	④ 每超时 1min,扣 5 分				

续表

考核项目	PLC程序输入及编辑操作		时间	25min	满分	100分
考核内容	评分标准		测试时间过程结果记录		测试者测评结果	得分
			开始时间	结束时间	扣分	
（五）根据要求修改程序，观察结果并能复原	① 不会修改，扣10分					
	② 通电试验失败一次，扣5分					
	③ 不会恢复，扣3分					
	④ 每超时1min，扣5分					
（六）在后插入指令，观察，然后删除	① 不会插入，扣10分					
	② 通电试验失败一次，扣5分					
	③ 不会恢复，扣3分					
	④ 每超时1min，扣5分					
（七）清除全部指令	① 不会清除，扣5分					
	② 每超时30s，扣5分					
合计得分						

项目5 三相异步电动机单向点动和连续运行控制

一、能力目标

1. 能熟练掌握 LD、LDI、AND、ANI、OR、ORI、OUT、END 等基本指令。
2. 初步掌握 PLC 的基本编程思路。
3. 进一步了解 PLC 的工作原理和掌握 PLC 的外部接线。

二、使用材料、工具、设备

使用材料、工具、设备见表 5-1。

表 5-1 使用材料、工具、设备

名称	型号或规格	数量	名称	型号或规格	数量
可编程控制器	FX_{2N}-48MR	1台	计算机	带三菱编程软件、编程电缆	1台
手持编程器	FX-20P-E	1台	连接电缆	E-20TP-CAB	1根
交流接触器	CJ20-16	1只	熔断器	RL1-60，熔体25A	3只
热继电器	FR16B-20/30	1只	熔断器	RL1-15，熔体5A	1只
按钮	LA4-3H	1只	导线		若干
电工工具	自备	1套	电动机	Y801-4	1台

三、项目要求

通过学习，采用基本指令进行编程，能实现三相异步电动机的点动和连续运转的控制，并能进行安装调试。

四、学习形式

这是入门课程，以教师讲授、指导为主，学生上机试验、小组讨论为辅。

五、原理说明

1. LD 取指令

常开触点与左母线连接指令，也可在分支开始处使用，与后述的块操作指令 ANB 或 ORB 配合使用。其操作的目标元件（操作数）为 X、Y、M、T、C、S。

2. OUT 输出指令

线圈驱动指令，用于逻辑运算的结果去驱动一个指定的线圈。可驱动输出继电器、辅助继电器、定时器、计数器、状态继电器和功能指令，但不能驱动输入继电器；其目标元件为 Y、M、T、C、S 和功能指令线圈 F；可并行输出，在梯形图中相当于线圈并联；注意输出线圈不能串联使用。对定时器、计数器的输出，除使用 OUT 指令外，还必须设置时间常数 K，或指定数据寄存器的地址，时间常数 K 要占用一步。

3. END 结束指令

程序结束并返回程序开始处。

【例 5-1】 把如图 5-1 所示的点动控制梯形图用指令形式列出，并输入 PLC 进行仿真。

解 按照梯形图转换成指令程序的方法，按自上而下、自左至右依次进行转换。指令程序为

0　LD　　X0
1　OUT　Y0
2　END

时序图（见图 5-2）

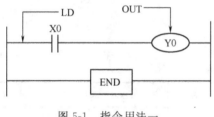

图 5-1　指令用法一

图 5-2　例 5-1 时序图

例题说明

当按下按钮时，X0 接通，线圈 Y0 得电吸合，电机转动。当松开按钮时，按钮 X0 断开，线圈 Y0 断电复位，电机停转。程序的执行过程是：程序从第 0 步指令开始执行，扫描 PLC 的输入点的状态并存储到 PLC 的输入映像寄存器中，然后进行逻辑运算（执行程序），将运算的结果存到输出映像寄存器中，最后统一输出，到最后一步指令 END 结束后，又返回到第 0 步程序处。

4. LDI 取反指令

常闭触点与母线连接指令，也可在分支开始处使用，与后述的块操作指令 ANB 或 ORB 配合使用。其操作的目标元件为 X、Y、M、T、C、S。如图 5-3 所示。

时序图（见图 5-4）

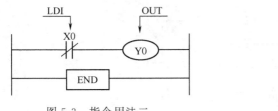
图 5-3 指令用法二

图 5-4 时序图

5. AND 与指令

使继电器的常开触点与其他继电器的触点串联。串联接点的数量不限，重复使用指令的次数不限；操作的目标元件为 X、Y、M、T、C、S。在执行 OUT 指令后，通过接点对其他线圈执行 OUT 指令，称为"连续输出"，又称为纵接输出。

6. ANI 与非指令

使继电器的常闭触点与其他继电器的触点串联。它的使用与 AN 指令相同。如图 5-5 所示。

7. OR 或指令

并联单个常开触点，将 OR 指令后的操作元件从此位置一直并联到离此条指令最近的 LD 或 LDI 指令上，并联的数量不受限制。若要将两个以上的接点串联而成的电路块并联，要用到后述的 ORB 指令。

8. ORI 或非指令

并联单个常闭触点，它的使用同 OR 指令。如图 5-6 所示。

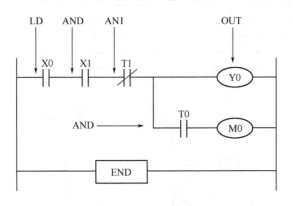
图 5-5 指令用法三

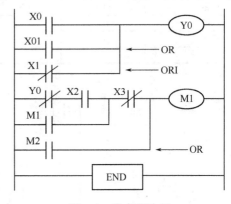
图 5-6 指令用法四

六、实训

（一）控制要求

采用所学过的 PLC 指令来改造继电-接触式点动与连续运转控制电路。

（二）方法及步骤

① 电力拖动线路图如图 5-7 所示。

② 据电力拖动线路图例 I/O 分配表，见表 5-2。

③ PLC 外部接线图（简称 I/O 接线图），见图 5-8。

④ 梯形图的程序设计见图 5-9。

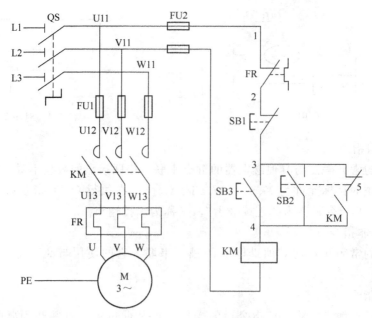

图 5-7 点动与连续控制电路

表 5-2 I/O 分配表

输入			输出		
名称	代号	输入点	名称	代号	输出点
停止按钮	SB1	X0	接触器	KM	Y0
点动按钮	SB2	X1			
启动按钮	SB3	X2			
热继电器触点	FR	X3			

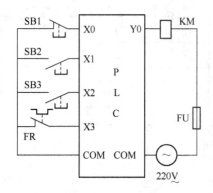

图 5-8 I/O 接线图

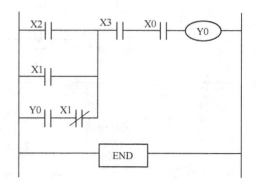

图 5-9 点动与连续控制梯形图

⑤ 列出指令表

0	LD	X2	5	AND	X3
1	OR	X1	6	AND	X0
2	LD	Y0	7	OUT	Y0
3	ANI	X1	8	END	
4	ORB				

⑥ 根据主电路图和 PLC 的 I/O 接线图进行安装接线。
⑦ 输入程序并仿真。
⑧ 通电调试　结合程序和硬件状态，观察程序的状态，与仿真结果进行比较。

七、PLC 工作过程

PLC 的工作过程就是循环扫描的工作过程。用户通过编程器或其他输入设备输入程序并存放在 PLC 的用户存储器中，当 PLC 开始运行时，CPU 根据系统监控程序规定的顺序，通过扫描，完成各输入点的状态采集或输入数据采集，这是输入采样阶段；然后 CPU 将程序逐条调出并执行，以对输入和原输出状态进行处理，即根据用户程序执行逻辑运算、算术运算，再将正确的结果送到输出状态寄存器，这是程序执行阶段。当所有的指令执行完毕后，集中把输出状态寄存器的状态通过输出部件驱动被控设备，这是输出刷新状态。PLC 经过这三个阶段的工作过程，称为一个扫描周期，完成一个扫描周期后又重新执行上述过程，如此周而复始的进行。如图 5-10 所示。

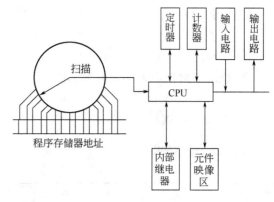

图 5-10　PLC 巡回扫描工作原理

PLC 工作过程举例（以图 5-9 为例）。

当 PLC 开始运行时，CPU 根据系统监控程序规定的顺序，通过扫描输入端子 X0、X1、X2、X3，完成各输入点的状态或输入数据的采集，并存储到输入映像寄存器（PLC 的存储器）中；然后用户程序执行逻辑、算术运算，将运算的结果把 Y0 状态更新，将输出的状态存到输出映像寄存器（PLC 的存储器）中；再送到输出锁存器中，然后输出程序规定的信号 Y0 去驱动接触器 KM 的线圈，以完成设备需要的动作。如图 5-11 所示。

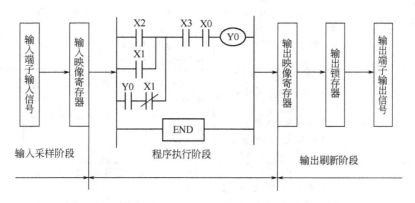

图 5-11　PLC 工作过程

八、思考题

① 写出图 5-12 所示梯形图的指令表。
② 写出图 5-13 所示梯形图的指令表。

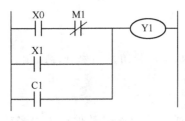
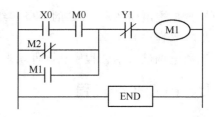

图 5-12　梯形图　　　　　　　　　图 5-13　梯形图

③ 绘出下列指令表对应的梯形图。

0	LD	X0	4	ORI	M1
1	AND	X1	5	ANI	M2
2	ANI	M0	6	OUT	Y0
3	OR	Y0	7	END	

④ 绘出下列指令表对应的梯形图。

0	LD	X0	2	OR	Y0	4	OR	M1	6	OUT	Y0
1	AND	X1	3	ANI	M0	5	ANI	M2	7	END	

九、检测标准

序号	主要内容	考核要求	评分标准	配分	扣分	得分
1	程序设计	根据任务,列出PLC控制I/O口(输入/输出)地址分配表,根据控制要求,设计梯形图及PLC控制I/O口(输入/输出)接线图,根据梯形图,列出指令表	① 输入输出地址遗漏或搞错,每处扣1分 ② 梯形图表达不正确或画法不规范,每处扣2分 ③ 接线图表达不正确或画法不规范,每处扣2分 ④ 指令有错,每条扣2分	30		
2	程序输入及调试	熟练操作,能正确地将所编程序输入PLC;按照被控设备的动作要求进行模拟调试,达到设计要求	① 不会熟练操作计算机或编程器输入指令扣2分 ② 不会用删除、插入、修改等命令,每项扣2分 ③ 一次仿真不成功扣8分;二次仿真不成功扣15分;三次仿真不成功扣20分	25		
3	元件安装	① 按图纸的要求,正确利用工具和仪表,熟练地安装电气元件 ② 元件在配电板上布置要合理,安装要准确、紧固 ③ 按钮盒不固定在板上	① 元件布置不整齐、不匀称、不合理,每只扣2分 ② 元件安装不牢固、安装元件时漏装螺钉,每只扣2分 ③ 损坏元件每只扣5分	10		
4	布线	① 要求美观、紧固、无毛刺,导线要进行线槽 ② 电源和外部设备配线、按钮接线要接到端子排上,进出线槽的导线要有端子标注,引出端要用别径压端子	① 电动机运行正常,但未按电路图接线,扣1分 ② 布线不进行线槽,不美观,主电路、控制电路,每根扣1分 ③ 接点松动、接头露铜过长、反圈、压绝缘层,标记线号不清楚、遗漏或误标,引出端无别径压端子,每处扣1分 ④ 损伤导线绝缘或线芯,每根扣0.5分	20		

续表

序号	主要内容	考核要求	评分标准	配分	扣分	得分
5	团体合作精神	小组分工协作、积极参与	教师掌握	5		
6	安全文明生产	正确使用设备，遵守安全用电原则，无违纪行为	根据实际情况，扣1～10分	10		
合计						

项目6 三相异步电动机正反转控制

一、能力目标

1. 学会用基本指令编写简单控制程序，并进行安装、接线、调试。
2. 熟练掌握置位、复位指令、边沿检出指令的使用。
3. 进一步熟练使用编程软件和仿真软件。

二、使用材料、工具、设备

使用材料、工具、设备见表6-1。

表6-1 材料、工具、设备表

名称	型号或规格	数量	名称	型号或规格	数量
可编程控制器	$FX_{2N}-48$	1台	熔断器	RL1-15/4	1个
计算机	自行配置	1台	按钮	LA-3H	1个
交流接触器	CJ20-16	2个	电动机	4kW/丫/380V	1台
热继电器	JR16-20/3	1个	连接导线		若干
熔断器	RL1-20/15	3个	电工工具		1套

三、项目要求

能使用PLC实现三相异步电动机的正反转控制，能进行仿真以及安装接线调试。

四、学习形式

采用案例教学法，开发学生的发散性思维以及组织协调能力。

五、原理说明

（一）置位与复位指令

1. SET指令

SET指令称为置位指令，其功能为：驱动指定线圈，使其具有自锁功能，维持接通状态。置位指令的操作元件是：输出继电器Y、辅助继电器M、状态继电器S。

2. RST指令

RST指令称为复位指令，其功能是使指定线圈复位。

复位指令的操作元件是：输出继电器 Y、辅助继电器 M、状态继电器 S、积算定时器 T、计数器 C 以及字元件 D 和 V、Z 清零操作。

【例 6-1】（小实验）请读者将图 6-1 的程序输入 PLC，分别让 X0、X1 接通、分断，观察 Y0 的变化。

图 6-1 置位、复位指令应用

例题说明：当 X0 闭合时，Y0 被强制置位（让 Y0 线圈接通），即使断开 X0 也保持 Y0 接通状态不变，当 X1 闭合时，Y0 被强制复位（Y0 失电），并能保持 Y0 失电状态不变，直到下一次 X0 闭合。若 X0、X1 同时得电，复位优先，Y0 处于复位状态。

【例 6-2】（小实验）请读者将其与例 6-1 进行比较。

读者通过上机实验会发现：例 6-1 和例 6-2 的自锁电路所实现的功能是完全一样的。梯形图如图 6-2 所示。

（二）边沿检出指令

1. 上升沿检出指令

LDP、ANDP、ORP 指令是进行上升沿检出的触点指令，仅在指定位元件的上升沿（OFF→ON 变化）时，接通一个扫描周期。

2. 下降沿检出指令

LDF、ANDF、ORF 指令是进行下降沿检出的触点指令，仅在指定位元件的下降沿（ON→OFF 变化）时，接通一个扫描周期。

【例 6-3】边沿检出指令应用举例，请读者将图 6-3 的程序输入 PLC，仔细观察各输出的变化。

边沿检出指令的梯形图表示方法是在常开触点中间加上 ↑（上升沿）、↓（下降沿）。

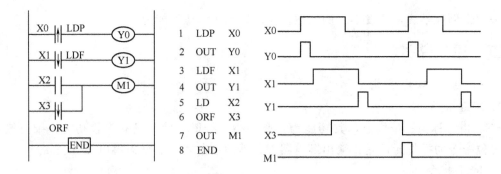

图 6-3 边沿检出指令应用举例

六、实训

（一）请使用本项目以前所学的基本指令来改造图 6-4 所示双重联锁正反转控制线路。

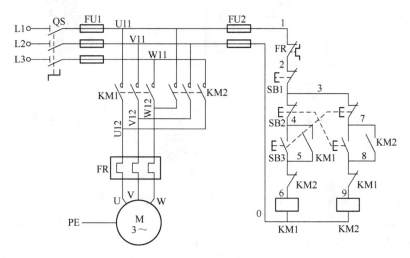

图 6-4 线路图

1. 线路图
2. I/O 分配表和接线图

（1）I/O 分配表见表 6-2。

表 6-2　I/O 分配表

输入信号			输出信号		
名称	代号	输入编号	名称	代号	输出编号
正转按钮	SB3	X0	正转接触器	KM1	Y0
反转按钮	SB2	X1	反转接触器	KM2	Y1
停止按钮 热继电器	SB1、FR	X2			

（2）I/O 接线图　见图 6-5。

3. 程序设计 （见图 6-6）
4. 程序说明

当 SB3 闭合时，X0 常开触点闭合，Y0 线圈得电，Y0 常开触点闭合自锁，Y0 常闭触点断开，实现对 Y1 的联锁，同时电动机正转；当 SB2 闭合时，X1 常闭触点断开，Y0 线圈断电，其常闭触点复位，Y1 线圈得电，Y1 常闭触点断开，实现对 Y0 的联锁，同时 Y0 常开触点闭合自锁，电动机反转；当按下 SB1 时，或 FR 动作时，电

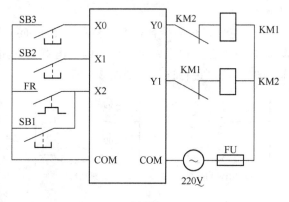

图 6-5　I/O 接线图

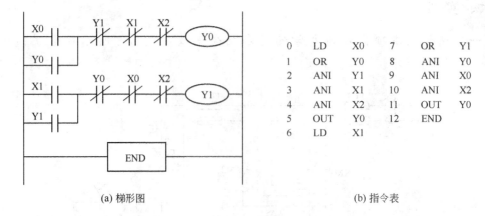

(a) 梯形图　　　　　　　　　　　　　　(b) 指令表

图 6-6　程序设计

动机停止。

5. 请将程序输入计算机或 PLC 并进行仿真，检查仿真结果。
6. 按照主电路和 I/O 接线图进行接线，然后通电调试，并与仿真结果相对比。

（二）停止按钮和热继电器触点的处理

停止按钮和热继电器的触点的处理，若接到输入端为常开触点，则梯形图里应采用常闭触点（与继电-接触式控制图类似），若接到输入端为常闭触点，则梯形图里应采用常开触点（与继电-接触式控制图相反）。在生产实际中，停止按钮和热继电器触点采用常闭触点。

（三）外部电气联锁

在梯形图里面已经有了 Y0 和 Y1 的互锁，但是为了保证在控制程序错误或因 PLC 受到影响而导致 Y0、Y1 两个输出继电器同时有输出的情况下，避免正、反转接触器同时得电而造成的主电路短路，所以在 PLC 外部加上 KM1、KM2 常闭触头进行联锁。这种联锁方式称为"硬联锁"，在程序内 Y0 和 Y1 的触点的联锁称为"软联锁"。

七、梯形图编写规则（一）

① 左右母线　梯形图中最左边垂直线称为左母线，最右边垂直线称为右母线。画梯形图时，每一个逻辑行必须始于左母线，而终于右母线。但为了简便起见，右母线经常不画。

② 左母线只能接各种继电器的触点，而不能接继电器的线圈。如需线圈接左母线，可以通过一个在本程序中没有使用的继电器的常闭触点或者是特殊继电器，如：M8000（PLC 运行时接通）进行连接，如图 6-7 所示。

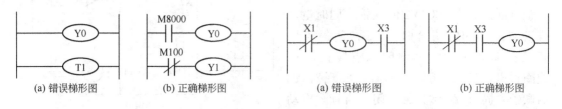

(a) 错误梯形图　　(b) 正确梯形图　　　　(a) 错误梯形图　　(b) 正确梯形图

图 6-7　编程规则 2　　　　　　　　　图 6-8　编程规则 3

③ 右母线只能接各种继电器的线圈（输入继电器线圈除外），而不能接继电器的触点，如图6-8所示。

④ 输入/输出继电器、内部继电器、定时器、计数器等内部软元件的触点可以多次重复使用，不必要使用复杂的程序结构来简化触点的使用次数。

⑤ 同一编号的线圈在一个程序中使用两次称为双线圈输出，双线圈输出容易造成程序运行错误，所以尽量避免同一编号的线圈重复使用，这与触点的使用不同，见图6-9中的M1。

⑥ 根据PLC逐行扫描顺序执行的原则，所有触点必须根据从左到右，从上到下原则排列（主控触点除外），否则，不能直接编程。图6-10中X4违反顺序执行的原则。

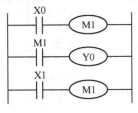

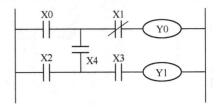

图6-9 编程规则5　　　　　　　　　　　图6-10 编程规则6

⑦ 在梯形图中，串联触点和并联触点可以使用无数次，这与继电控制系统不同，见图6-11。

⑧ 两个或两个以上的线圈可以并联输出，见图6-12。

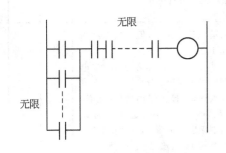

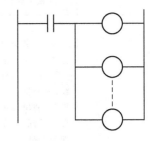

图6-11 编程规则7　　　　　　　　　　　图6-12 编程规则8

八、思考与训练题

1. 在例6-1中，如果X0和X1同时按下，Y0处于_____状态。

2. 在图6-5中，如果SB3和FR的触点为常闭触点，请设计出相应的梯形图。

3. 左母线只能接_____，右母线只能接_____。

4. 在PLC里面，各种软元件的触点可以使用_____次。

5. SET具有_____功能。

6. 为什么在梯形图里面已经有了Y0和Y1的联锁了，在外部接线还需要加KM1和KM2的硬接线联锁？

7. 请读者采用复位、置位指令编写出能实现三相异步电动机的正反转控制的程序。要求：列出I/O分配表；画出I/O外部接线图；设计出梯形图；写出指令表；并进行安装调试。

九、检测标准

序号	主要内容	考核要求	评分标准	配分	扣分	得分
1	程序设计	根据任务，列出PLC控制I/O口（输入/输出）地址分配表，根据控制要求，设计梯形图及PLC控制I/O口（输入/输出）接线图，根据梯形图，列出指令表	① 输入输出地址遗漏或搞错，每处扣1分 ② 梯形图表达不正确或画法不规范，每处扣2分 ③ 接线图表达不正确或画法不规范，每处扣2分 ④ 指令有错，每条扣2分	30		
2	程序输入及调试	熟练操作，能正确地将所编程序输入PLC；按照被控设备的动作要求进行模拟调试，达到设计要求	① 不会熟练操作计算机或编程器输入指令，扣2分 ② 不会用删除、插入、修改等命令，每项扣2分 ③ 一次仿真不成功扣8分；二次仿真不成功扣15分；三次仿真不成功扣20分	25		
3	元件安装	① 按图纸的要求，正确利用工具和仪表，熟练地安装电气元件 ② 元件在配电板上布置要合理，安装要准确、紧固 ③ 按钮盒不固定在板上	① 元件布置不整齐、不匀称、不合理，每只扣2分 ② 元件安装不牢固、安装元件时漏装螺钉，每只扣2分 ③ 损坏元件每只扣5分	10		
4	布线	① 要求美观、紧固、无毛刺，导线要进行线槽 ② 电源和外部设备配线、按钮接线要接到端子排上，进出线槽的导线要有端子标注，引出端要用别径压端子	① 电动机运行正常，但未按电路图接线，扣1分 ② 布线不进行线槽，不美观，主电路、控制电路每根扣1分 ③ 接点松动、接头露铜过长、反圈、压绝缘层，标记线号不清楚、遗漏或误标，引出端无别径压端子，每处扣1分 ④ 损伤导线绝缘或线芯，每根扣0.5分	20		
5	团体合作精神	小组分工协作，积极参与	教师掌握	5		
6	安全文明生产	正确使用设备，遵守安全用电原则，无违纪行为	根据实际情况，扣1~10分	10		
合计						

项目7 三台电动机顺序启动、逆序停止控制

一、能力目标

1. 理解主控指令MC、MCR指令。
2. 学会简单程序的编写，进一步熟练程序的输入及仿真。
3. 熟练掌握梯形图编写规则。

二、使用材料、工具、设备

使用材料、工具、设备见表 7-1。

表 7-1 使用材料、工具、设备表

名 称	型号或规格	数 量	名 称	型号或规格	数 量
可编程控制器	FX_{2N}-48MR	1台	计算机	带三菱编程软件、编程电缆	1台
手持编程器	FX-20P-E	1台	连接电缆	E-20TP-CAB	1根
交流接触器	CJ20-16	3只	熔断器	RL1-60,熔体 25A	3只
热继电器	FR16B-20/30	1只	熔断器	RL1-15,熔体 4A	1只
按钮	LA4-3H	1只	电动机	Y801-4	3台
电工工具	自备	1套	导线		若干

三、项目要求

能实现三相异步电动机顺序启动和逆序停止。

四、学习形式

采用案例教学法,开发学生的发散性思维以及组织协调能力。

五、原理说明

1. 主控指令 MC

串联公共接点的连接指令(串联公共接点后另起新母线),主控电路块的起点,用于利用公共逻辑条件控制多个线圈。梯形图与目标元件如图 7-1 所示。

N 的取值范围:N0~N7。

2. 主控复位指令 MCR

MC 指令的复位指令,主控电路块的终点。梯形图与目标元件如图 7-2 所示。

图 7-1 MC 指令的使用　　　　　图 7-2 MCR 指令说明

3. MC、MCR 的注意事项

① 输入 X0 接通时,执行 MC 与 MCR 之间的指令。

② MC 指令后,母线(LD、LDI)移至 MC 触点之后。MC、MCR 指令必须成对使用。

③ 使用不同的 Y、M 组件号,可多次使用 MC 指令。但是若使用同一软件号,将同 OUT 一样,会出现双线圈输出。

④ 在 MC 指令内再使用 MC 指令时,嵌套数 N 的编号顺次增大。返回时用 MCR 指令,嵌套数 N 的编号顺次减小,从大的嵌套级开始解除。

【例 7-1】 将图 7-3(a)中的梯形图采用 MC/MCR 编程。

【例 7-2】 将图 7-4(a)中的梯形图采用 MC/MCR 指令编程。

解 如图 7-4(b)所示

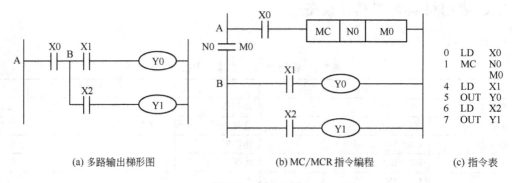

(a) 多路输出梯形图　　　　(b) MC/MCR 指令编程　　　　(c) 指令表

图 7-3　例 7-1 图

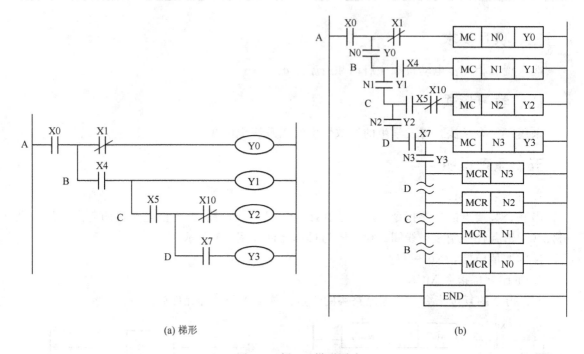

(a) 梯形　　　　　　　　　　　　(b)

图 7-4　例 7-2 梯形图

程序说明　左母线在 A 处，通过主控指令将左母线临时移到 B 处，形成第一个主控电路块（嵌套层数为 N0）；再通过主控指令将临时左母线由 B 处移到 C 处，形成第二个主控电路块（嵌套层数为 N1）；如此类推，形成了第三、第四主控电路块（嵌套层数分别为 N2、N3）。注意：主控指令的目标元件可以用 M 和 Y，但是，一般优先选用 M。在例 7-2 中作为一个特例讲述。

六、实训

（一）控制要求

请用 PLC 设计一个控制电路，要求如下。

电动机启动顺序为：M1 启动后，M2 才能启动；M2 启动后，M3 才能启动。电动机停止顺序为：M3 停止后，M2 才能停止；M2 停止后，M1 才能停止。

课题一 基本指令部分

（二）方法及步骤

1. 根据题意画出主电路（见图 7-5）
2. 列 PLC 的 I/O 分配表（见表 7-2）

表 7-2 I/O 分配表

输入信号			输出信号		
名称	代号	输入编号	名称	代号	输出编号
M1 启动按钮	SB1	X0	接触器	KM1	Y0
M2 启动按钮	SB2	X1	接触器	KM2	Y1
M3 启动按钮	SB3	X2	接触器	KM3	Y2
M3 停止按钮	SB4	X3			
M2 停止按钮	SB5	X4			
M1 停止按钮	SB6	X5			
急停按钮	SB7	X6			

3. 根据题意和 PLC 的 I/O 分配表画 PLC 的 I/O 接线图（见图 7-6）

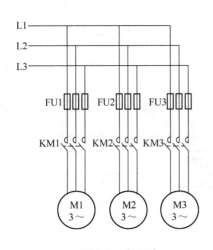

图 7-5 主电路

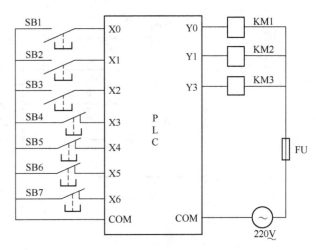

图 7-6 I/O 接线图

4. 梯形图编程

用主控指令 MC/MCR 及其他基本指令编出来的梯形图如图 7-7 所示。

5. 指令表编程

0	LD	X0	9	LD	X1	18	LD	X2	27	MCR	N0
1	OR	Y0	10	OR	Y1	19	OR	Y2	28	END	
2	LD	X5	11	LD	X4	20	AND	X3			
3	OR	Y1	12	OR	Y2	21	AND	X6			
4	ANB		13	ANB		22	MC	N2	M2		
5	AND	X6	14	AND	X6	23	LD	M8000			
6	MC	N0 M0	15	MC	N1 M1	24	OUT	Y2			
7	LD	M8000	16	LD	M8000	25	MCR	N2			
8	OUT	Y0	17	OUT	Y1	26	MCR	N1			

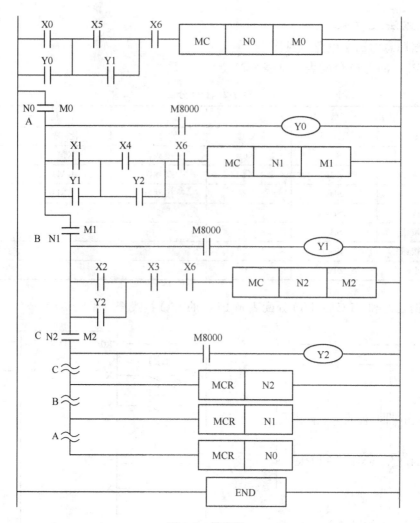

图 7-7 梯形图

6. 输入程序并调试

七、梯形图编写规则（二）

① 不包含触点的分支应放在垂直方向上，不要放在水平方向上，以便于读图和美观，如图 7-8 所示。

② 应把串联多的电路块尽量放在最上边，把并联多的电路块尽量放在最左边，这样一是节省指令，二是美观，如图 7-9 所示。

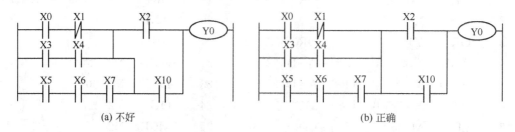

图 7-8 梯形图画法示例 1

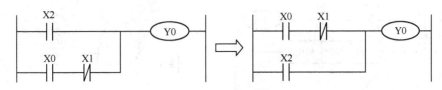

(a) 把串联多的电路块放在最上边

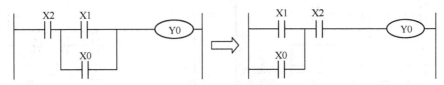

(b) 把并联多的电路块放在最左边

图 7-9　梯形图画法示例 2

③ 对某些复杂电路必须等值转换才能编程，如图 7-10 所示。在用 PLC 改造旧的继电接触器控制系统时，这些电路可能会出现。

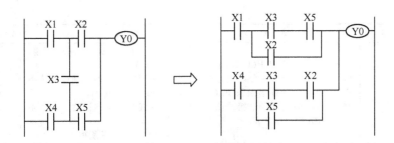

图 7-10　复杂电路编程示例

八、思考题

1. 绘出下列指令语句表的梯形图。

0	LD	X1		4	LDI	T1		8	MCR	N0
1	OR	Y1		5	OUT	Y1		9	END	
2	ANI	X0		6	LD	X2				
3	MC	N0	M0	7	OUT	T1	K40			

2. 绘出下列指令语句表的梯形图。

0	LD	X1		5	LD	X2		10	OUT	Y1
1	ANI	M1		6	OR	M2		11	MCR	N1
2	OR	Y0		7	ANI	X0		12	MCR	N0
3	ANI	X0		8	MC	N1	M2	13	END	
4	MC	N0	Y0	9	LD	M2				

3. 写出下列图 7-11 梯形图所示的指令表。

4. 不能改变逻辑关系，试按梯形图绘制的原则将图 7-12 梯形图优化。

5. 本项目也可以采用基本指令进行编程，读者采用基本指令将程序编出，并仿真调试。

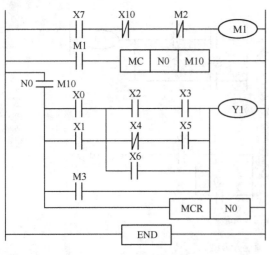

图 7-11 思考题 3 图　　　　图 7-12 思考题 4 图

九、检测标准

序号	主要内容	考核要求	评分标准	配分	扣分	得分
1	程序设计	根据任务，列出 PLC 控制 I/O 口（输入/输出）地址分配表，根据控制要求，设计梯形图及 PLC 控制 I/O 口（输入/输出）接线图，根据梯形图，列出指令表	① 输入输出地址遗漏或搞错，每处扣 1 分 ② 梯形图表达不正确或画法不规范，每处扣 2 分 ③ 接线图表达不正确或画法不规范，每处扣 2 分 ④ 指令有错，每条扣 2 分	30		
2	程序输入及调试	熟练操作，能正确地将所编程序输入 PLC；按照被控设备的动作要求进行模拟调试，达到设计要求	① 不会熟练操作计算机或编程器输入指令，扣 2 分 ② 不会用删除、插入、修改等命令，每项扣 2 分 ③ 一次仿真不成功扣 8 分；二次仿真不成功扣 15 分；三次仿真不成功扣 20 分	25		
3	元件安装	① 按图纸的要求，正确利用工具和仪表，熟练地安装电气元件 ② 元件在配电板上布置要合理，安装要准确、紧固 ③ 按钮盒不固定在板上	① 元件布置不整齐、不匀称、不合理，每只扣 2 分 ② 元件安装不牢固、安装元件时漏装螺钉，每只扣 2 分 ③ 损坏元件，每只扣 5 分	10		
4	布线	① 要求美观、紧固、无毛刺，导线要进行线槽 ② 电源和外部设备配线，按钮接线要接到端子排上，进出线槽的导线要有端子标注，引出端要用别径压端子	① 电动机运行正常，但未按电路图接线，扣 1 分 ② 布线不进行线槽，不美观，主电路、控制电路每根扣 1 分 ③ 接点松动、接头露铜过长、反圈、压绝缘层、标记线号不清楚、遗漏或误标，引出端无别径压端子，每处扣 1 分 ④ 损伤导线绝缘或线芯，每根扣 0.5 分	20		
5	团体合作精神	小组分工协作、积极参与	教师掌握	5		
6	安全文明生产	正确使用设备，遵守安全用电原则，无违纪行为	根据实际情况，扣 1~10 分	10		
合计						

项目 8 三相异步电动机的星形-三角形降压启动控制

一、能力目标

1. 掌握定时器 T 的应用。
2. 掌握计数器 C 的应用。
3. 通过实现电动机星形-三角形降压启动控制的编程，进一步掌握 PLC 的编程思路。

二、使用材料、工具、设备

使用材料、工具、设备见表 8-1。

表 8-1 材料、工具、设备表

名　称	型号或规格	数　量	名　称	型号或规格	数　量
可编程控制器	FX$_{2N}$-48MR	1 台	熔断器	RL1-15/4	1 个
计算机	自行配置	1 台	按钮	LA-3H	1 个
交流接触器	CJ20-16	3 个	电动机	4kW/△/380V	1 台
热继电器	JR16-20/3	1 个	连接导线		若干
熔断器	RL1-20/15	3 个	电工工具		1 套

三、项目要求

能使用 PLC 实现三相异步电动机的星形-三角形降压启动控制，能使用仿真软件进行成功的仿真以及安装接线调试。

四、学习形式

以小组为单位，采用项目教学法，培养学生的自学能力和组织协调能力。

五、原理说明

（一）定时器（T）

相当于继电控制中的时间继电器，有两种定时器，即：非积算型定时器、积算型定时器。定时器符号见图 8-1。

梯形图符号：　　　　　　　　　　　　　　　　　指令：OUT　T0　K100

【例 8-1】 非积算型定时器的应用（见图 8-2），请读者将程序输入
PLC，观察按下 X0 后 Y0 的变化。

例题说明

图 8-1 定时器符号

当 X0 闭合后，T0 开始计时即开始数时间基准脉冲（简称时基脉冲），当计时到设定值（K 值），T0 置 1，其常开触点 T0 接通，驱动 Y0 闭合；其后当前值继续增加，但不影响定时器状态，当 X0 断开，T0 复位回到原始状态。若 X0 接通时间未到定时值就断开，则 T0 跟随复位，Y0 不会有输出。定时器的当前值（时基脉冲数）由一个 16 位寄存器存储，最大计数值为 32767（即可数 32767 个时基脉冲）。在 PLC 内，定时器是通过数标准时基脉冲进行计数，标准时基脉冲的周期有 1ms、10ms、100ms 三种，当选择

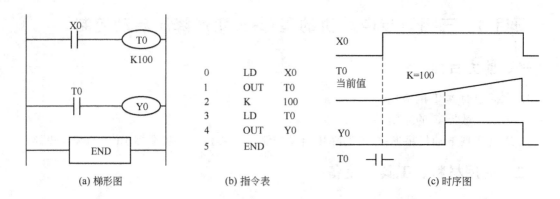

图 8-2 非积算型定时器的应用

不同的时基脉冲定时器时,同样的当前值,计时时间是不一样的。在 FX$_{2N}$ 系列 PLC 中,不同的定时器号代表不同的定时器,读者要根据实际情况进行选择,详见表 8-2。

表 8-2 定时器的选择

种 类	100ms 型 0.1~3276.7s	10ms 型 0.01~327.67s	1ms 积算型 0.001~32.767s	100ms 积算型 0.1~3276.7s	电位器型 0~255 的数值
编 号	T0~T199 200 点	T200~T245 46 点	T246~T249 4 点、执行中断的保持用	T250~T255 6 点、保持用	功能扩展板 8 点

可根据表 8-2 选择不同的定时器,如:T100 为非积算型定时器,时基脉冲为 100ms,时间设定值为 0.1~3276.7s,而 T200 时基脉冲为 10ms,时间设定值为 0.01~327.67s。

【例 8-2】 请将下列程序输入 PLC 并观察 Y0 和 Y1 的动作,指出图 8-3 中 T0、T200 的定时值。

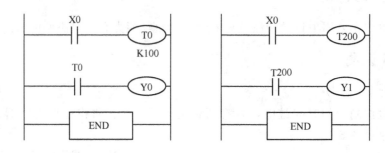

图 8-3 定时器的比较

例题中 T0 的时基脉冲是 100ms;T200 的时基脉冲是 10ms。

则 T0 的定时值是 100×100(ms)=10s;T200 的定时值是 100×10(ms)=1s

【例 8-3】 积算型定时器(小实验)

请读者在图 8-4 右侧列出例 8-3 的指令表,并请上机试验,要求按下 X0,10s 以后断开,然后接着再按下 X0 约 15s,看看 Y0 的动作,然后画出时序图。

例题说明:当 X0 闭合时,定时器 T250 开始计时,但尚未到设定值时,断开 X0,定时器的当前值保持不变(若是 T0~T245 则复位),当 X0 再次闭合时,定时器从原保持值开始计时,当计时到达设定值时,定时器 T250 置 1,常开触点 T250 闭合,Y0 得电。以后就

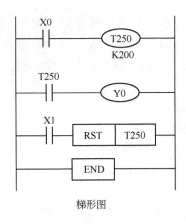

梯形图　　　　　　　　　　　指令表　　　　　　　　　　时序图

图 8-4　积算型定时器

算 X0 断开了，T250 依然不会复位（T0～T245 则复位），如积算型定时器要复位，必须使用复位指令。

(二) 计数器 C

内部计数器是在执行扫描操作时对内部元件（X、Y、M、S、T、C）提供的信号进行计数，其接通时间（ON）和断开时间（OFF）应该比 PLC 的扫描时间稍长。计数器的分类见表 8-3。

表 8-3　计数器分类

16 位增计数器 0～32767		32 位双向计数器－2147483648～＋2147483647	
通　用	停电保持用	通　用	停电保持用
C0～C99 100 点	C100～C199 100 点	C200～C219 20 点	C220～C234 15 点

(1) 增计数器

16 位 2 进制增计数器，其有效值为 K1～K32,767（10 进制常数）。如设定值为 K0 和 K1 则具有相同的含义，即在第一次计数开始时输出触点就动作。

【例 8-4】　小实验　请输入图 8-5(a) 中的程序，并进行仿真，观察 X11 接通 10 次后 Y0 变化的结果。

例题说明：X11 为计数输入，X11 每接通一次，计数器 C0 的当前值加 1，在执行第十次的线圈指令时，C0 输出触点动作。以后即使计数输入 X11 再动作，计数器的当前值不变。如果复位输入 X10 为 ON，则执行 RST 指令，计数器的当前值为 0，输出触点复位，见图 8-5(b)。

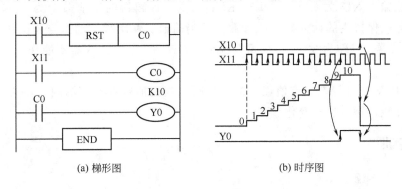

(a) 梯形图　　　　　　　　　　(b) 时序图

图 8-5　16 位增计数器

计数器的设定值，除用上述常数 K 设定外，还可由数据寄存器编号制定。例如，指定 D10，如果 D10 的内容为 123，则与设定的 K123 是一样的。再以 MOV 等指令将设定值以上的数据写入当前值寄存器时，则在下次输入时，输出线圈接通，当前值寄存器变为设定值。

（2）双向计数器

32 位的 2 进制增计数/减计数的设定值有效范围从 $-2147483648 \sim +2147483647$（10 进制常数）。利用特殊的辅助继电器 M8200～M8234 确定增计数器/减计数器，如果上述特殊辅助继电器接通时为减计数器，否则为增计数器。根据常数 K 或数据寄存器 D 的内容，设定值可正可负。将连号的数据寄存器的内容视为一对，作为 32 位的数据处理。因此，在指定 D0 时，D1 和 D0 两项作为 32 位设定值处理。

【例 8-5】 小实验 请将图 8-6(a) 中的程序输入并进行仿真，观察 X14 接通 5 次后 Y1 变化的过程。

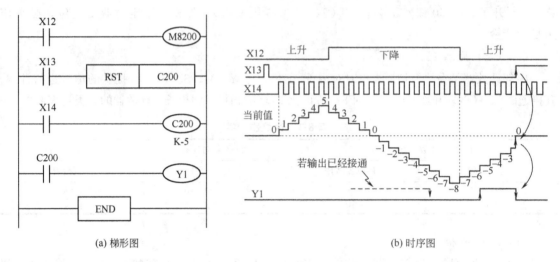

(a) 梯形图　　　　　　　　　　　　　　　(b) 时序图

图 8-6　双向计数器

例题说明：利用计数输入 X14 驱动 C200 线圈时，可进行增计数和减计数（由 X12 决定）。在计数器的当前值由 $-6 \to -5$ 增加时，输出触点置位。在由 $-5 \to -6$ 减少时，输出触点复位。当前值的增减与输出触点的工作无关，但是如果从 2147483647 开始增计数，则成为 -2147483648。同样，如果从 -2147483648 开始减计数，则成为 2147483647。（这类动作被称为环形计数）。

如果复位输入 X13 为 ON，则执行 RST 指令，计数器的当前值变为 0，输出触点也复位。使用供停电保持用的计数器时，计数器的当前值、输出触点动作与复位状态停电保持。

32 位计数器也可作为 32 位数据寄存器使用。但是 32 位计数器不能作为 16 位应用指令中的软元件。

在以 DMOV 指令等把设定值以上的数据写入当前值数据寄存器时，则在以后的计数输入时可继续计数，触点也不变化。

六、实训

（一）控制要求

图 8-7 所示为三相异步电动机 Y-△降压启动控制线路，请使用 PLC 对其进行改造。

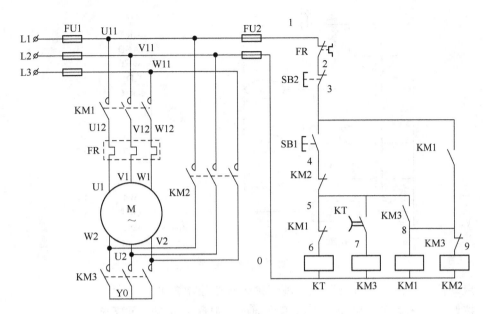

图 8-7 Y-△降压启动控制线路

(二) 方法及步骤

1. 列出 I/O 分配表 I/O 图

I/O 分配表和接线图见表 8-4 和图 8-8。

2. 程序设计

控制程序见图 8-9。

(1) I/O 分配表　见表 8-4。

表 8-4 I/O 分配表

输入信号			输出信号		
名　称	代　号	输入编号	名　称	代　号	输出编号
启动按钮	SB1	X0	主交流接触器	KM1	Y0
停止按钮热继电器	SB2、FR	X1	星形接触器	KM3	Y1
			三角形接触器	KM2	Y2

(2) I/O 图　见图 8-8。

程序说明：当按下 SB1（X0）时，Y0 得电并自锁，同时接通 Y1、T0，此时，KM1、KM3 得电，电动机星形启动；T0 同时开始计时，定时时间（5s）到后，T0 常闭触点切断 Y1，同时 T0 常开触点接通 Y2，电动机三角形运转，不管何时，当按下 SB2（或热继电器动作）电动机停止运转。为了防止短路事故的发生，除了在程序里面设置有 Y1 和 Y2 的软联锁以外，还设有 KM2、KM3 的外部硬联锁。

3. 输入程序，并调试

① 将程序输入计算机。

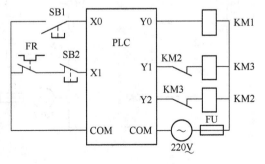

图 8-8 I/O 接线图

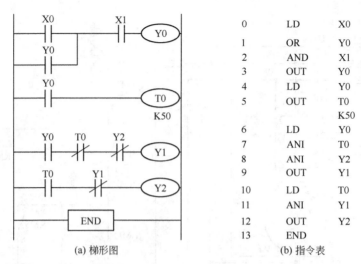

(a) 梯形图　　　　　　　　　　　　(b) 指令表

图 8-9　控制程序

② 启动仿真软件，并进行调试，观察是否符合控制要求。

③ 按照 I/O 图以及主电路，进行接线调试，观察是否能满足要求。

（三）系统优化

1. 问题的提出

① 由程序可看出，当 KM3 断开时，KM2 立即闭合，在实际应用中，经常会产生较大的电弧，容易引起短路以及损坏设备，如何解决这个问题？

② 当 KM3 线圈出现故障不能闭合，系统在运行时，会出现 KM1 闭合一段时间后（此时 KM3 不闭合），KM2 直接闭合，造成直接三角形启动，容易造成事故，如何解决这个问题？

2. 问题解决方案

① 用一个定时器，控制 KM2 延时闭合，确保 KM3 完全断开，但是时间应该很短（一般为 0.1~0.4s）。

② 将 KM3 的一个常开触点接到输入端，作为启动条件，防止电动机直接启动。

3. 改造后的 I/O 接线图及程序（如图 8-10 所示）

4. 请读者上机仿真并接线调试

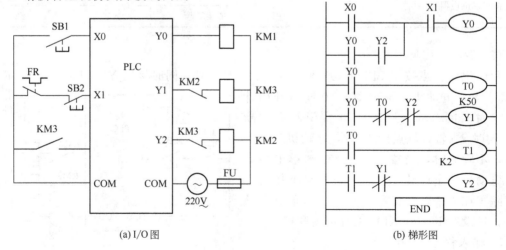

(a) I/O 图　　　　　　　　　　　　(b) 梯形图

图 8-10　改造后的 I/O 接线图及程序

七、思考及训练题

1. 定时器相当于继电-接触式控制系统中的_____。
2. T253 是_____定时器，T201 K300 是_____定时器，定时值为_____s。
3. 要使积算型定时器复位，必须使用_____指令。
4. 请写出图 8-10 程序的工作原理。
5. 在实际工作中当 KM2 因触头熔焊或衔铁卡死而不能分断时，第二次启动时，将会发生电动机直接三角形启动的问题，如何解决？请画出 I/O 图并设计梯形图。
6. 有两台电动机 M1 和 M2，控制要求为：M1 启动后，经 30s 延时，M2 自行启动，M2 启动后，工作 1h，M1 和 M2 同时停止运行，请设计控制程序。要求：列出 I/O 分配表；画出 I/O 外部接线图；设计出梯形图；写出指令表；并进行安装调试。
7. 设计一个报警器，要求当条件满足时蜂鸣器鸣叫，同时，报警灯连续闪 6 次，每次亮 5s，熄灭 3s，此后，停止声光报警。要求：列出 I/O 分配表；画出 I/O 外部接线图；设计出梯形图；写出指令表；并进行安装调试。

八、检测标准

序号	主要内容	考核要求	评分标准	配分	扣分	得分
1	程序设计	根据任务，列出 PLC 控制 I/O 口（输入/输出）地址分配表，根据控制要求，设计梯形图及 PLC 控制 I/O 口（输入/输出）接线图，根据梯形图，列出指令表	① 输入输出地址遗漏或搞错，每处扣 1 分 ② 梯形图表达不正确或画法不规范，每处扣 2 分 ③ 接线图表达不正确或画法不规范，每处扣 2 分 ④ 指令有错，每条扣 2 分	30		
2	程序输入及调试	熟练操作，能正确地将所编程序输入 PLC；按照被控设备的动作要求进行模拟调试，达到设计要求	① 不会熟练操作计算机或编程器输入指令，扣 2 分 ② 不会用删除、插入、修改等命令，每项扣 2 分 ③ 一次仿真不成功扣 8 分；二次仿真不成功扣 15 分；三次仿真不成功扣 20 分	25		
3	元件安装	① 按图纸的要求，正确利用工具和仪表，熟练地安装电气元件 ② 元件在配电板上布置要合理，安装要准确、紧固 ③ 按钮盒不固定在板上	① 元件置布不整齐、不匀称、不合理，每只扣 2 分 ② 元件安装不牢固，安装元件时漏装螺钉，每只扣 2 分 ③ 损坏元件每只扣 5 分	10		
4	布线	① 要求美观、紧固、无毛刺，导线要进行线槽 ② 电源和外部设备配线、按钮接线要接到端子排上，进出线槽的导线要有端子标注，引出端要用别径压端子	① 电动机运行正常，但未按电路图接线，扣 1 分 ② 布线不进行线槽，不美观，主电路、控制电路每根扣 1 分 ③ 接点松动、接头露铜过长、反圈、压绝缘层，标记号不清楚、遗漏或误标，引出端无别径压端子，每处扣 1 分 ④ 损伤导线绝缘或线芯，每根扣 0.5 分	20		
5	团体合作精神	小组分工协作、积极参与	教师掌握	5		
6	安全文明生产	正确使用设备，遵守安全用电原则，无违纪行为	根据实际情况，扣 1~10 分	10		
合计						

项目9 用PLC实现运料系统自动控制（一）

一、能力目标

1. 通过实现运料系统自动控制的编程，进一步掌握PLC基本指令的编程方法和技巧。
2. 进一步熟练掌握编程软件（或手持编程器）和仿真软件的使用。
3. 进一步熟练PLC程序的调试。
4. 掌握PLC控制系统的安装接线和系统调试。

二、使用材料、工具、设备（见表9-1）

表9-1 材料、工具、设备列表

名称	型号或规格	数量	名称	型号或规格	数量
可编程控制器	FX_{2N}-48MR	1台	熔断器	RL1-15/4	1个
计算机	自行配置	1台	按钮	LA-3H	1个
交流接触器	CJ20-16	2个	连接导线		若干
熔断器	RL1-20/15	3个	电工工具	自备	1套
行程开关	LXK-111	3个			

三、项目要求

能用PLC基本指令编写运料系统自动控制的程序，能进行或使用仿真软件进行调试，或安装接线。

四、学习形式

以小组为单位，采用项目教学法，培养学生的自学能力和组织协调能力。

五、实训

（一）控制要求

运料系统说明如图9-1所示，并用PLC实现其控制要求。

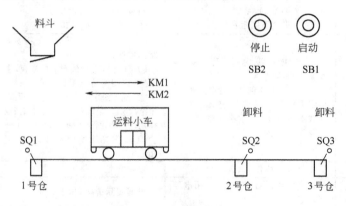

图9-1 小车运料系统说明

① 启动按钮 SB1 用来开启运料小车。
② 停止按钮 SB2 用来立即停止运料小车。
③ 工作流程如下。

a. 按 SB1 启动按钮，小车在 1 号仓停留（装料）10s 后，第一次由 1 号仓送料到 2 号仓碰限位开关 SQ2 后，停留（卸料）5s，然后空车返回到 1 号仓碰限位开关 SQ1 停留（装料）10s。

b. 小车第二次由 1 号仓送料到 3 号仓，经过限位开关 SQ2 不停留，继续向前，当到达 3 号仓碰限位开关 SQ3 停留（卸料）8s，然后空车返回到 1 号仓碰限位开关 SQ1 停留（装料）10s。

c. 然后再重新上述工作过程。

d. 按下 SB2 小车立即停止。

（二）方法及步骤

1. 列出 I/O 分配表和 I/O 外部接线图

(1) I/O 分配表（见表 9-2）

表 9-2 I/O 分配表

输入信号			输出信号		
名　称	代　号	输入编号	名　称	代　号	输出编号
启动按钮	SB1	X0	向前接触器	KM1	Y0
停止按钮	SB2	X1	向后接触器	KM2	Y1
限位开关	SQ1	X2			
限位开关	SQ2	X3			
限位开关	SQ3	X4			

(2) I/O 外部接线图　如图 9-2 所示。

2. 程序设计

运料系统参考梯形图如图 9-3 所示。

该控制系统编程主要难点是运料小车第一次到 2 号仓，碰限位开关 SQ2 停留卸料；当小车第二次到 2 号仓时，经过限位开关 SQ2 不停留，继续向前；当到 3 号仓卸料后，在返回 1 号仓时，又会碰限位开关 SQ2，也应没有任何动作，继续返回。因此，在图 9-3 的程序中，将小车第一次到 2 号仓碰限位开关 SQ2 的信号记录下来，即 M2 为 ON，并保持到循环结束，才复位。这样，除首次 SQ2 动作，T1 延时 5s 后，Y1 为 ON，小车返回外，其余次 SQ2 动作，均不会对程序有影响。程序中还以 M1 为 ON，表明小车在 1 号仓；以 M3 为 ON，表明小车到过 3 号仓。

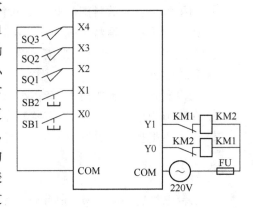

图 9-2　PLC 外部接线图

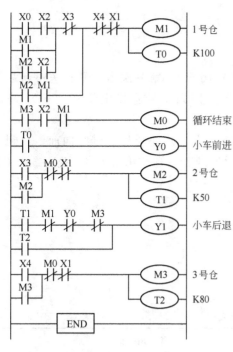

图 9-3 运料系统参考梯形图

当小车在 1 号仓时，SQ1 为 ON，此时，按 SB1 启动，M1 为 ON，并自保；同时，T0 延时，10s 后，Y0 为 ON，小车前行，当碰限位开关 SQ2（X3 为 ON），小车到 2 号仓，停留（X3 常闭触点将 M1、T0 复位，Y0 为 OFF）卸料，M2 为 ON，并自保，同时，T1 延时，5s 后，Y1 为 ON，小车返回，当小车碰限位开关 SQ1（X2 又为 ON）时，小车又到 1 号仓，停留（M1、T0 又为 ON，M1 自保，Y1 为 OFF）装料，同时，T0 又延时，10s 后，Y0 又为 ON，小车又前行；当小车又碰限位开关 SQ2（X3 为 ON），不停留（M2 已为 ON），继续向前，当到达 3 号仓碰限位开关 SQ3（X4 为 ON，X4 常闭触点将 M1、T0 复位，Y0 为 OFF）停留（卸料）8s（M3 为 ON，并自保，同时，T2 延时，8s 后，Y1 为 ON，小车返回），当小车又到 1 号仓，碰限位开关 SQ1（X2 又为 ON）时，停留（M1、T0 又为 ON，M1 自保，Y1 为 OFF，M0 为 ON，复位 M2、M3,）装料，重复上述循环。

当按下 SB2（X1 为 ON），M1、M2、M3 可均为 OFF，系统停止。

3. 输入程序，并调试

① 首先，采用手持式编程器或计算机将图 9-3 的梯形图（或自己编制的梯形图）输入到 PLC。

② 运行 PLC，进行程序调试，观察 PLC 输出是否符合控制要求，或启动仿真软件，进行调试。

③ 如果有实际或模拟对象，按照 I/O 图以及主电路，进行接线调试，观察控制系统是否能满足要求。

（三）系统优化

1. 问题的提出

① 如果增加料斗放料阀门和小车卸料阀门控制，如何解决这个问题？

② 如果要求小车运料系统循环三次后停止，将如何处理？

③ 在上述（2）基础上，当按下停止按钮，系统要等本次循环结束后才停止。

2. 问题解决提示

① 先设置料斗放料阀门为 Y2；小车卸料阀门为 Y3。参考答案如图 9-4(a) 所示。

② 在环节中增加计数器 C0，参考答案如图 9-4(b) 所示。

③ 读者可根据参考答案图 9-4 自行解决，并运行调试正确为止。

六、思考题

1. 三台电机启动时，M1 先启动，2s 后，M2 才启动，再 2s 后 M3 启动。停止时，M3 先停，1s 后，M2 才停，再 1s 后 M1 停。当任何一台电机过载，系统应立即停止工作。要

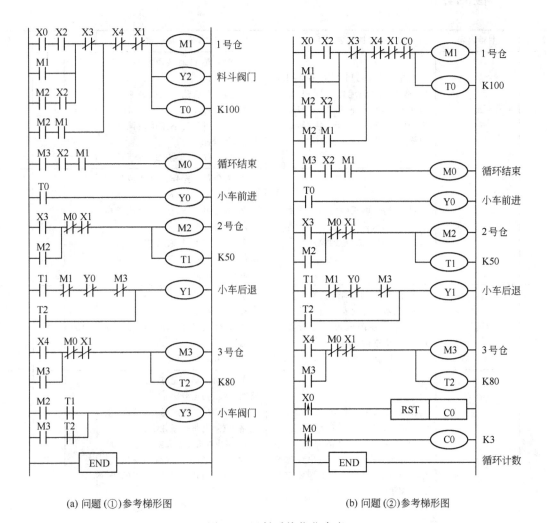

(a) 问题(①)参考梯形图　　　　　　　　　(b) 问题(②)参考梯形图

图 9-4　运料系统优化参考

求：列出 I/O 分配表；画出 I/O 接线图；设计出梯形图；写出指令表；运行调试。（可采用置位和复位指令编程）

2. 某车间运料传输带分为三段，由三台电动机分别驱动，结构和动作示意图如图 9-5 所示。控制要求如下：①按启动按钮 SB1，M3 开始运行并保持连续工作，被运送的物品前进；②当 3#传感器检测到，启动 M2 运载物品前进；③当 2#传感器检测，启动 M1 运载物品前进；延时 2s，停止 M2；④当 1#传感器检测到物品，延时 2s，停止 M1。⑤上述过程不断

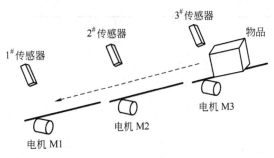

图 9-5　传输带动作示意图

进行，直到按下停止按钮 SB2，M3 立刻停止。试确定输入和输出端分配，画出梯形图及指令表，输入 PLC 并进行调试，简要说明其工作过程。

七、检测标准

序号	主要内容	考核要求	评分标准	配分	扣分	得分
1	程序设计	根据任务,列出 PLC 控制 I/O 口(输入/输出)地址分配表,根据控制要求,设计梯形图及 PLC 控制 I/O 口(输入/输出)接线图,根据梯形图,列出指令表	① 输入输出地址遗漏或搞错,每处扣 1 分 ② 梯形图表达不正确或画法不规范,每处扣 2 分 ③ 接线图表达不正确或画法不规范,每处扣 2 分 ④ 指令有错,每条扣 2 分	30		
2	程序输入及调试	熟练操作,能正确地将所编程序输入 PLC;按照被控设备的动作要求进行模拟调试,达到设计要求	① 不会熟练操作计算机或编程器输入指令,扣 2 分 ② 不会用删除、插入、修改等命令,每项扣 2 分 ③ 一次仿真不成功扣 8 分;二次仿真不成功扣 15 分;三次仿真不成功扣 20 分	25		
3	元件安装	① 按图纸的要求,正确利用工具和仪表,熟练地安装电气元件 ② 元件在配电板上布置要合理,安装要准确、紧固 ③ 按钮盒不固定在板上	① 元件布置不整齐、不匀称、不合理,每只扣 2 分 ② 元件安装不牢固、安装元件时漏装螺钉,每只扣 2 分 ③ 损坏元件每只扣 5 分	10		
4	布线	① 要求美观、紧固、无毛刺,导线要进行线槽 ② 电源和外部设备配线、按钮接线要接到端子排上,进出线槽的导线要有端子标注,引出端要用别径压端子	① 电动机运行正常,但未按电路图接线,扣 1 分 ② 布线不进行线槽,不美观,主电路、控制电路每根扣 1 分 ③ 接点松动、接头露铜过长、反圈、压绝缘层、标记线号不清楚、遗漏或误标,引出端无别径压端子,每处扣 1 分 ④ 损伤导线绝缘或线芯,每根扣 0.5 分	20		
5	团体合作精神	小组分工协作、积极参与	教师掌握	5		
6	安全文明生产	正确使用设备,遵守安全用电原则,无违纪行为	根据实际情况,扣 1~10 分	10		
合计						

课题二 功能指令部分

项目10 机械动力头的自动控制系统

一、能力目标

1. 掌握 FX_{2N} 系列 PLC 的状态转移图的概念和构成方法。
2. 掌握 FX_{2N} 系列 PLC 的步进指令（STL、RET）使用，即状态转移图转变为梯形图或指令表的方法。
3. 进一步熟练 PLC 程序的输入调试。
4. 掌握 PLC 控制系统的安装接线和系统调试。

二、使用材料、工具、设备

使用材料、工具、设备见表 10-1。

表 10-1 材料、工具、设备列表

名称	型号或规格	数量	名称	型号或规格	数量
可编程控制器	FX_{2N}-48MR	1台	按钮	LA4-3H	1个
计算机	自行配置	1台	电磁阀		2个
交流接触器	CJ20-16	3个	连接导线		若干
熔断器	RL1-60/15	3个	电工工具	自备	1套
熔断器	RL1-15/4	1个			

三、项目要求

能用 PLC 状态编程法编写机械动头系统自动控制的程序，能熟练进行程序输入，并使用仿真软件调试和安装接线。

四、学习形式

以小组为单位，采用项目教学法，培养学生的自学能力和组织协调能力。

五、实训原理说明

（一）问题的引入

在电气控制中有大量的顺序控制问题，如果使用经验法和 PLC 基本指令编制的相应梯形图程序存在以下几个问题。

① 工艺动作表达烦琐。
② 梯形图的联锁关系较复杂，处理比较麻烦，需有相当的经验。
③ 梯形图可读性差，很难从梯形图中看出具体的控制工艺过程。

为此，出现了易于构思和理解的图形程序设计工具——状态转移图。**状态转移图是一种将复杂的任务或工作过程分解成若干工序（或状态）表达出来，同时又反映出工序（或状态）的转移条件和方向的图。**既有工艺流程图的直观，又有利于复杂控制逻辑关系的分解与综合的特点。

状态编程法 将一个复杂的顺序控制过程分解为若干个工作状态，弄清各工作状态的转移条件和方向，形成状态转移图，进而转换为梯形图或语句表的一种程序编制方法。

（二）状态转移图的建立

1. 状态转移图的构成

状态转移图表达的控制意图，也称顺序功能图（SFC 图）。它将一个复杂的顺序控制过程分解为若干个状态，每个状态具有不同的动作，状态与状态之间由转移条件分隔，互不影响。当相邻两状态之间的转移条件得到满足时，就实现转移，即上面状态的动作结束而下一次状态的动作开始。

状态元件（或称状态器）是构成状态转移图的基本元素，是 PLC 的软元件之一。FX_{2N} 系列 PLC 有 1000 个状态元件，符号为 S。

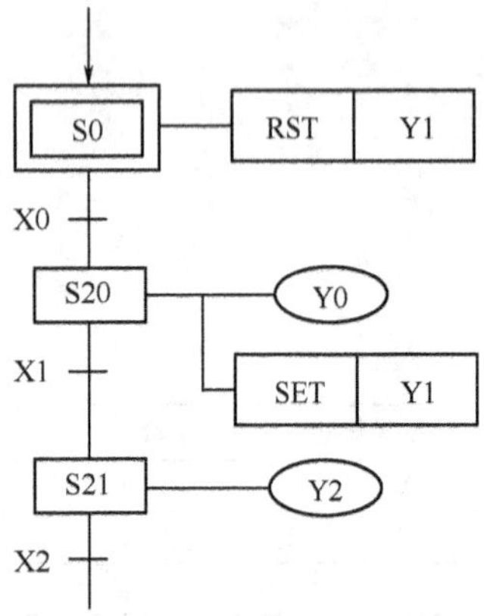

S0～S9 共 10 点，初始状态器，是状态转移图的起始状态。

S10～S19 共 10 点，返回状态器，用作返回原点的状态。

S20～S499 共 480 点，通用状态器，用作状态转移图的中间状态。

S500～S899 共 400 点，保持状态器，具有掉电保持功能的通用状态器。

S900～S999 共 100 点，报警用状态器，用作报警元件使用。

状态转移图的构成，如图 10-1 所示。

图 10-1 状态转移图的基本结构

程序开始，应进行初始的启动，使 S0 有效，相应执行 RST Y1 语句；当转换条件 X0 动作（为 ON），状态由 S0 转移到 S20，Y0、Y1 接通，S0 状态自动切断；当转换条件 X1 动作，状态由 S20 转移到 S21，Y0 断开，Y2 接通；当转换条件 X2 动作，S21 状态转移到下面状态……

在状态转移图构成时，应注意几点：

① 转移元件序号从小到大，不能颠倒，但可缺号；

② 状态结束由顺控程序转移后自动复位；

③ 某状态激活后，其后梯形图输出驱动分支次序为：先直接驱动，再条件驱动，最后为转移条件驱动；

④ 在某个状态内如采用 OUT 输出指令，当状态转移后，停止执行，但采用 SET 指令时，当状态转移后，继续执行，直到遇 RST 指令，停止执行；

⑤ 可存在双线圈，即在不同状态下，对同一元件，多次执行 OUT 指令，如在不同状态下，多次出现 OUT Y0 等。

2. 步进指令简述

状态转移图建立后，需转换为梯形图或指令表才能输入 PLC 进行运行，在 FX_{2N} 系列 PLC 中存在专门构建状态转移图的步进指令。如下介绍。

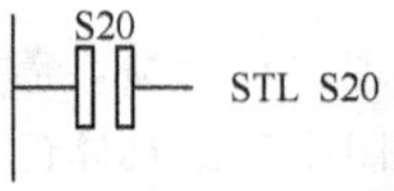

STL S20

STL 指令：步进开始指令。从主母线上引出状态接点，建立子母线，激活某个状态。其后用 LD、LDI 指令连接。操作元件：S，占 1 程序步。

RET 指令：步进结束指令。步进顺控程序执行完毕，返回主母线。占 1 程序步。在每条步进指令后面，不必都加一条 RET 指令，只需一系列步进指令的最后接一条 RET 指令，但必须有 RET 指令。

【例 10-1】 步进指令应用，请读者输入图 10-2 程序，并依次按下 X0、X1、X2，观察 Y0、Y1 的变化。

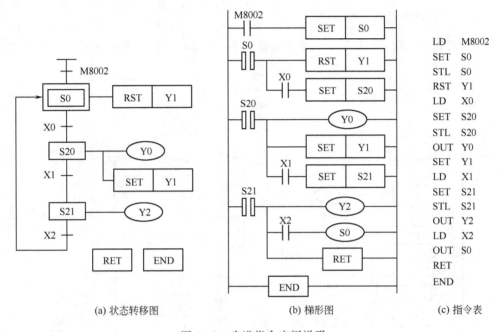

图 10-2　步进指令应用说明

步进指令应用说明：如图 10-2 所示，PLC 开始运行时，M8002 闭合瞬间，将 S0 置位，立即执行 S0 状态内的指令：复位 Y1，当转移条件 X0 动作（为 ON），状态由 S0 转移到 S20，S0 状态自动复位，同时，接通 Y0、置位 Y1；当转移条件 X1 动作，S20 状态转移 S21 状态，S20 状态自动复位，Y0 断开，Y1 继续保持得电，同时，接通 Y2；当转移条件 X2 满足时，用 OUT S0 接通 S0（也可以用 SET S0），程序又返回 S0 状态，如此重复执行。要注意的是，步进触点之后的程序块中不允许使用主控 MC/MCR 指令。

注意：采用软件编程时，所出现的梯形图画面与图 10-2(b)所示的梯形图略有不同，希望读者注意。

状态转移图转换为梯形图和语句表是状态编程法的基本保证，如果转换错误，则原来状态转移图所表达的程序意图就达不到要求或造成程序出错。但转换过程并不难，记住一些规则，关注如何进入初始状态；状态接点后为子母线，其后用 LD、LDI 指令连接；如何表达转移条件；最后如何进行转移；RET 不应漏等。

3. 状态编程法的基本应用

转轴旋转控制系统结构示意如图 10-3，控制要求如下。

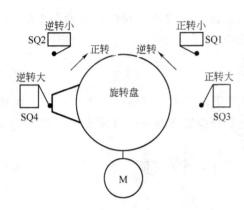

图 10-3 转轴旋转控制系统示意图

某转轴由电机带动旋转。启动后，正转到"正转小"（SQ1）位置逆转；到"逆转小"（SQ2）位置时再正转；转到"正转大"（SQ3）位置后再逆转，到"逆转大"（SQ4）位置后停止，返回中心位置。等待再启动。

I/O 设置：启停按钮 SB—X0；SQ1—X1；SQ2—X2；SQ3—X3；SQ4—X4。正转 KM1—Y0；反转 KM2—Y1。

转轴旋转控制系统状态转移图、梯形图和指令表如图 10-4 所示。建立状态转移图首先是分清每步工序，即每个状态应完成什么工作；然后是确定转移条件；再是转移方向。上述三个因素能确定下来，状态转移图就基本完成，程序也编好了。

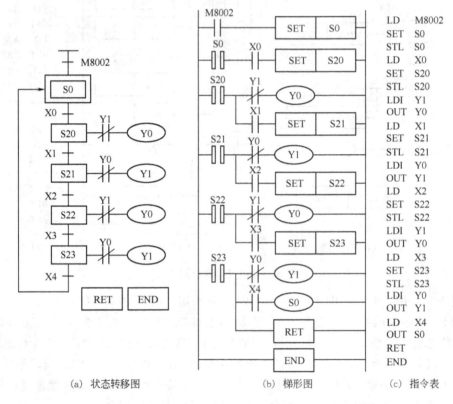

(a) 状态转移图　　　　(b) 梯形图　　　　(c) 指令表

图 10-4 旋转转轴控制程序

本例中，电机正转反转就是各状态应完成的工作；转移条件是各位置的限位开关；转移方向是选择正转还是反转，最后回到初始状态。

六、实训

（一）状态转移图转换为梯形图和指令表练习

状态转移图转换为梯形图和指令表是状态编程法的基本技能，必须熟练掌握。读者可对图 10-2、图 10-4、图 10-5 的状态转移图进行梯形图和指令表的转换，可结合程序输入、程序调试的练习，应用编程软件或手持编程器的监控功能观察程序运行和状态转移情况，掌握状态转移图的功能习性。

（二）机械动力头的自动控制系统

1. 控制要求

将箱体移动式机械动力头安装在滑座上，由两台三相异步电动机作动力源：快速电动机 M2 通过丝杆进给装置实现箱体快速向前（KM2）或向后（KM3）移动，快速电动机端部装有制动电磁铁；主电动机 M1（KM1）带动主轴旋转，同时通过电磁离合器、进给机构实现一次或二次进给运动。控制要求参见图 10-6。

① 当工作台在原始位置 D 时，按下循环启动按钮 SB1，KM2 得电，快速电动机 M2 通过丝杆进给装置实现箱体快速向前，工作台快进。

② 当工作台快进到达 A 点时，行程开关 SQ2 压合，KM1 得电，主电动机 M1 带动主轴旋转，同时通过电磁离合器、进给机构实现一工进，进行切削加工。

③ 当工作台工进到达 B 点时，SQ3 动作，一工进结束，工作台开始二工进。

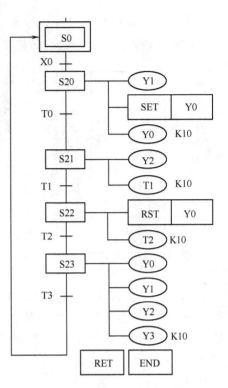

图 10-5 练习用状态转移图

④ 当工作台到达 C 点时，行程开关 SQ4 压合，主电动机 M1 停止，工作台二工进结束，快速电动机 M2 通过丝杆进给装置实现箱体快速向后，工作台快退。

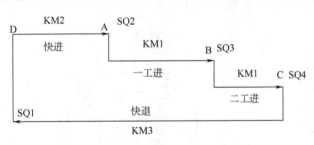

图 10-6 机械动力头工作示意图

⑤ 工作台退到终点（SQ1）或返回原点后，KM3 失电，工作台快退结束，完成一次循环。

工作台连续循环与单次循环可按 SB2 自锁按钮进行选择，当 SB2 为"0"时工作台连续循环，当 SB2 为"1"时工作台单次循环。

2. 方法及步骤

（1）列出 I/O 分配表和 I/O 外部接线图。

① I/O 分配表见表 10-2。

表 10-2　I/O 分配表

输入信号			输出信号		
名　称	代　号	输入编号	名　称	代　号	输出编号
启动按钮	SB1	X0	M1 接触器	KM1	Y0
选择按钮	SB2	X1	M2 向前接触器	KM2	Y1
限位开关	SQ1	X2	M2 向后接触器	KM3	Y2
限位开关	SQ2	X3	一工进电磁阀	YV1	Y3
限位开关	SQ3	X4	二工进电磁阀	YV2	Y4
限位开关	SQ4	X5			

② I/O 外部接线图如图 10-7 所示。

(2) 程序设计　参考状态转移图和梯形图如图 10-8 所示。指令表由读者自行转换。

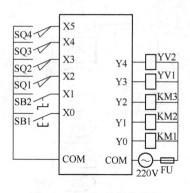

图 10-7　PLC 外部接线图

本例中，电机 M1 和 M2 正反转以及电磁阀 YV1 和 YV2 就是各状态应完成的工作；转移条件是各位置的限位开关；转移方向是选择快进退还是工进，最后选择是单次循环还是连续循环。

程序说明：PLC 通电运行，进入 S0 状态，当工作台在原点时，SQ1 为 ON，按 SB1 启动，进入 S20 状态，S0 状态关闭，KM2 为 ON，工作台快进；当碰限位开关 SQ2（X3 为 ON），工作台到 A 点，S20 状态关闭，KM2 为 OFF，工作台快进结束，进入 S21 状态，KM1 为 ON，YV1 亦为 ON，工作台一工进；工作台到 B 点（碰限位开关 SQ3，X4 为 ON），S21 状态关闭，工作台一工进结束，进入 S22 状态，KM1 仍为 ON，YV2 为 ON，工作台二工进；工作台到 C 点（碰限位开关 SQ4，X5 为 ON），S22 状态关闭，工作台工进结束，进入 S23 状态，KM3 为 ON，工作台快退，当工作台退碰限位开关 SQ1（X2 又为 ON）时，小车又到原点，如果 SB2 为 OFF，又进入 S20 状态，重复上述循环。如果 SB2 为 ON，进入 S0 状态，循环停止。

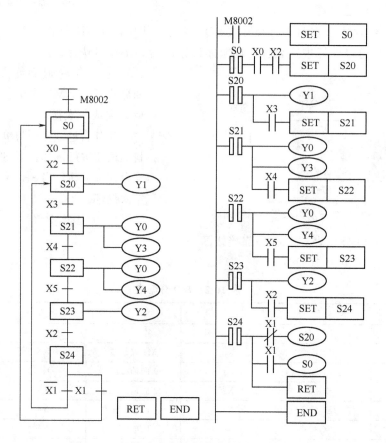

图 10-8　机械动力头控制状态转移图及梯形图

(3) 输入程序，并调试。

① 首先，将图 12-8 的状态转移图及梯形图（自己编制的状态转移图或梯形图）转变为指令表程序，然后输入计算机及 PLC（也可用手持编程器）。

② 运行 PLC，进行程序调试，观察 PLC 输出是否符合控制要求。如有仿真对象，则启动仿真软件，进行调试。

③ 按照 I/O 图以及主电路，进行接线调试，观察控制系统是否能满足要求。

3. 系统优化

(1) 问题的提出

① 快速电动机可进行点动调整，但在工作进给时无效。

② 设紧急停止按钮。当遇紧急情况时，按下急停按钮，系统马上停止运行。

(2) 问题解决提示

① 先设置快速电动机点动正转调整按钮 SB3 为 X6，反转调整按钮 SB4 为 X7；设置工作方式选择开关 QS1 为 X10。当 QS1 为 OFF，系统为工作进给；当 QS1 为 ON，系统为点动调整。参考程序如图 10-9 所示。

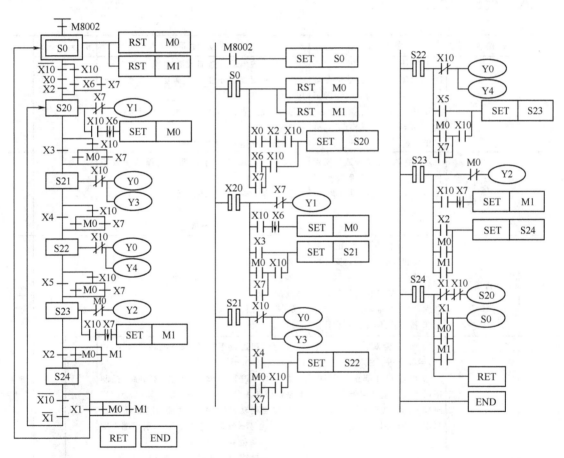

图 10-9　机械滑台优化程序 1 状态转移图及梯形图

主要编程思路是，当按下正转调整按钮 SB3 时，X6 为 ON，程序应引到 Y1 为 ON 的状态 S20，仅执行 Y1 为 ON，快速电动机点动正转调整。当 SB3 断开时，使 M0 为 ON，将控制状态引到 S0，Y1 为 OFF，快速电动机停止；同理，当按下反转调整按钮

SB4 时，X7 为 ON，程序应引到 Y2 为 ON 的状态 S23，仅执行 Y2 为 ON，快速电动机点动反转调整。当 SB4 断开时，使 M1 为 ON，将控制状态引到 S0，Y2 为 OFF，快速电动机停止。

② 在环节中设紧急停止按钮 SB3 为 X6。参考上述编程思想，读者自行在图 10-9 状态转移图基础上，进行修改。即当按下急停按钮 SB3，X6 为 ON，程序无论在什么状态下，都转移到 S0 状态，系统停止。

程序修改后，上机进行调试，直到满足要求为止。

七、思考及训练题

三台电机启动时，M1 先启动，2s 后，M2 才启动，再 2s 后 M3 启动。停止时，M3 先停，1s 后，M2 才停，再 1s 后 M1 停。当任何一台电机过载，系统应立即停止工作。要求：列出 I/O 分配表；画出 I/O 外部接线图；画出状态转移图；设计出梯形图；写出指令表；并进行安装调试。

八、检测标准

	主要内容	考核要求	评分标准	配分	扣分	得分
1	程序设计	根据任务，列出 PLC 控制 I/O 口（输入/输出）地址分配表，根据控制要求，设计梯形图及 PLC 控制 I/O 口（输入/输出）接线图，根据梯形图，列出指令表	① 输入输出地址遗漏或搞错，每处扣 1 分 ② 梯形图表达不正确或画法不规范，每处扣 2 分 ③ 接线图表达不正确或画法不规范，每处扣 2 分 ④ 指令有错，每条扣 2 分	30		
2	程序输入及调试	熟练操作，能正确地将所编程序输入 PLC；按照被控设备的动作要求进行模拟调试，达到设计要求	① 不会熟练操作计算机或编程器输入指令，扣 2 分 ② 不会用删除、插入、修改等命令，每项扣 2 分 ③ 一次仿真不成功扣 8 分；二次仿真不成功扣 15 分；三次仿真不成功扣 20 分	25		
3	元件安装	① 按图纸的要求，正确利用工具和仪表，熟练地安装电气元件 ② 元件在配电板上布置要合理，安装要准确、紧固 ③ 按钮盒不固定在板上	① 元件布置不整齐、不匀称、不合理，每只扣 2 分 ② 元件安装不牢固、安装元件时漏装螺钉，每只扣 2 分 ③ 损坏元件每只扣 5 分	10		
4	布线	① 要求美观、紧固、无毛刺，导线要进行线槽 ② 电源和外部设备配线、按钮接线要接到端子排上，进出线槽的导线要有端子标注，引出端要用别径压端子	① 电动机运行正常，但未按电路图接线，扣 1 分 ② 布线不进行线槽，不美观，主电路、控制电路每根扣 1 分 ③ 接点松动、接头露铜过长、反圈、压绝缘层、标记线号不清楚、遗漏或误标，引出端无别径压端子，每处扣 1 分 ④ 损伤导线绝缘或线芯，每根扣 0.5 分	20		
5	团体合作精神	小组分工协作、积极参与	教师掌握	5		
6	安全文明生产	正确使用设备，遵守安全用电原则，无违纪行为	根据实际情况，扣 1～10 分	10		
	合计					

项目 11　用 PLC 实现运料系统自动控制（二）

一、能力目标

1. 进一步掌握 FX_{2N} 系列 PLC 的状态编程法。
2. 掌握 FX_{2N} 系列 PLC 的状态转移图的并行流程控制方法。
3. 进一步熟练 PLC 程序的输入调试。
4. 初步掌握 PLC 控制系统的安装接线和系统调试。

二、使用材料、工具、设备（见表11-1）

表 11-1　使用材料、工具、设备列表

名　称	型号或规格	数　量	名　称	型号或规格	数　量
可编程控制器	FX_{2N}-48MR	1台	熔断器	RL1-15/4	1个
计算机	自行配置	1台	按钮	LA-3H	3个
交流接触器	CJ20-16	2个	电动机	4kW/△/380V	1台
热继电器	JR16-20/3	1个	连接导线		若干
熔断器	RL1-20/15	3个	电工工具		1套

三、项目要求

能用 PLC 状态编程法的分支流程的并行性分支编写运料系统自动控制的程序，能熟练进行程序输入，进行调试并进行安装接线。

四、学习形式

以小组为单位，采用案例教学法，培养学生的自学能力和组织协调能力。

五、原理说明

（一）并行性分支流程状态转移图

在项目 10 中介绍了 FX_{2N} 系列 PLC 的状态编程法，其中的状态转移图是单支流程的。在状态转移图中还存在着多分支流程，多分支流程可分为选择性分支和并行性分支两种。本项目主要介绍并行性分支流程状态转移图。

存在多个分支流程同时执行的状态转移图称为并行性分支流程状态转移图，如图 11-1 所示。图中有三个分支流程，S0 为分支状态，即一旦状态 S0 的转移条件为 ON，三个分支流程同时执行。S43 为汇合状态，等三个分支流程动作全部结束时，一旦 X7 为 ON，S43

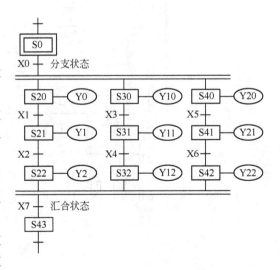

图 11-1　并行分支流程结构

就开启。若其中一个分支没执行完,S43 就不能开启。所以又称排队汇合。与单流程不同,同一时间可能有两个或两个以上的状态处于开启状态。

(二)并行性分支流程状态转移图编程

即转变为梯形图或指令表的基本原则是先进行并行分支处理,再集中进行汇合处理。

在图 11-1 所示并行性分支流程状态转移图中,当处于分支状态 S0 时,一旦 X0 为 ON,应依次转移到 S20、S30、S40。然后,处理 S20 开始的分支流程,接着是 S30 开始的分支流程,最后是 S40 开始的分支流程。最后进行汇合状态 S43 的处理。具体过程见图 11-2 所示。

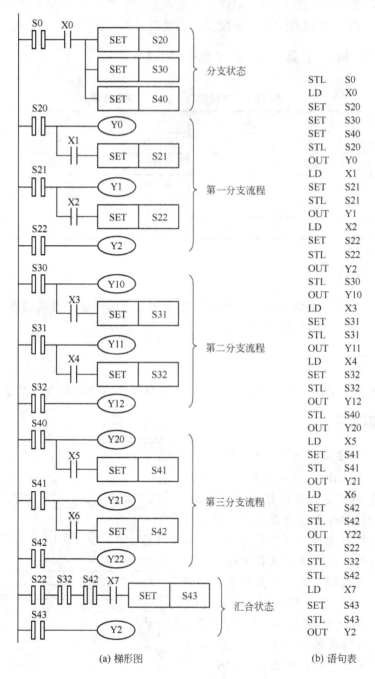

图 11-2 并行分支流程编程例

并行分支的分支流程最大为 8 个。

六、实训

（一）运料系统的自动控制系统控制要求

系统说明如图 11-3 所示，用状态编程法实现如下控制要求。

① 按钮 SB1 用来开启运料小车，停止按钮 SB2 用来立即停止运料小车。

② 动作流程如下。

a. 按 SB1 启动按钮，小车在 1 号仓停留（装料）10s 后，第一次由 1 号仓送料到 2 号仓碰限位开关 SQ2 后，停留（卸料）5s，然后空车返回到 1 号仓碰限位开关 SQ1 停留（装料）10s；

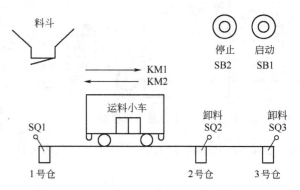

图 11-3 小车运料系统说明

b. 小车第二次由 1 号仓送料到 3 号仓，经过限位开关 SQ2 不停留，继续向前，当到达 3 号仓碰限位开关 SQ3 停留（卸料）8s，然后空车返回到 1 号仓碰限位开关 SQ1 停留（装料）10s；

c. 然后再重新工作上述工作过程。

d. 要求小车运料系统循环三次后停止，当途中按下停止按钮，系统等本次循环结束后才停止。

（二）方法及步骤

1. 列出 I/O 分配表和 I/O 外部接线图

（1）I/O 分配表见表 11-2。

表 11-2 I/O 分配表

输入信号			输出信号		
名 称	代 号	输入编号	名 称	代 号	输出编号
启动按钮	SB1	X0	向前接触器	KM1	Y0
停止按钮	SB2	X1	向后接触器	KM2	Y1
限位开关	SQ1	X2			
限位开关	SQ2	X3			
限位开关	SQ3	X4			

（2）I/O 外部接线图如图 11-4 所示。

2. 程序设计

参考状态转移图如图 11-5 所示。梯形图和指令表由读者自行转换。

本例中，采用状态编程法，使程序结构明显，很好地反映工艺过程。在项目 9 中用基本指令编程时的难点：运料小车第一次到 2 号仓，碰限位开关 SQ2 停留卸料；当小车第二次到 2 号仓时，经过限位开关 SQ2 不停留，继续向前；当到 3 号仓卸料后，在返回 1 号仓时，又会碰限位开关 SQ2，也应没有任何动作，继续返回。这一难点在状态编程法中就不成问题，也没了基本指令编程中时刻要考虑的联锁或互锁的问题。

在图 11-5 所示的状态转移图，采用了并行分支结构。主要考虑在任何状态下，当按停止按钮后，系统不能马上停止，应把停止信号记忆下来（图中 M1 为 ON），待系统工作循环结束后才起作用，将动作状态转移到 S0，系统停止。如果没按停止按钮，系统待工作循环结束，进入 S29 状态，先采用 C0 计数，再转移到 S20 和 S28，开始新的循环。当 C0 计数达到 3 次，C0 为 ON，动作状态转移到 S0，系统停止。

3. 输入程序，并调试

① 首先，将图 11-5 的状态转移图转变为梯形图

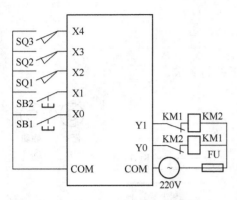

图 11-4 PLC I/O 外部接线图

（自己编制的状态转移图或梯形图）或语句表程序，然后输入计算机及 PLC（也可用手持编程器）。

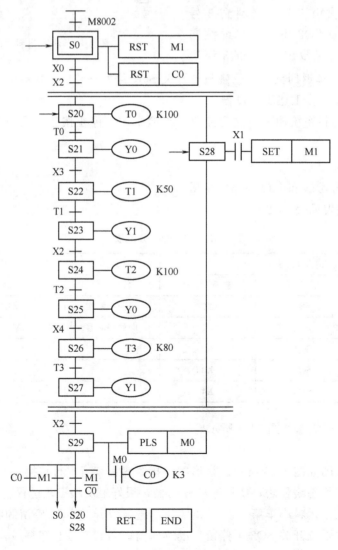

图 11-5 运料系统状态转移图

② 运行 PLC，进行程序调试，观察 PLC 输出是否符合控制要求。如有仿真对象，则启动仿真软件，进行调试。

③ 如果有实际或模拟对象，按照 I/O 图以及主电路，进行接线调试，观察控制系统是否能满足要求。

（三）系统优化

1. 问题的提出

（1）如果运料小车电动机要求有过载保护（取热继电器的常闭触点），将如何处理？

（2）当遇紧急情况时，按下急停按钮，系统马上停止运行，回到初始状态。

（3）当按下停止按钮，系统马上停止运行。按启动按钮后，系统继续按原循环运行下去。

2. 问题解决提示

① 当有过载信号（如 X5 为 ON），则系统应停止。在图 11-5 中，在 S28 状态下，增加 X5（常闭触点）驱动输出 M2。当 M2 为 ON，应将任何状态都引导到 S0 状态。

② 处理方法与①相同。

③ 当按下停止按钮 X1，M1 为 ON，应能切断任何状态下的运行；当再按启动按钮 X0，M1 为 OFF，应恢复任何状态下的运行。参考图 11-6。

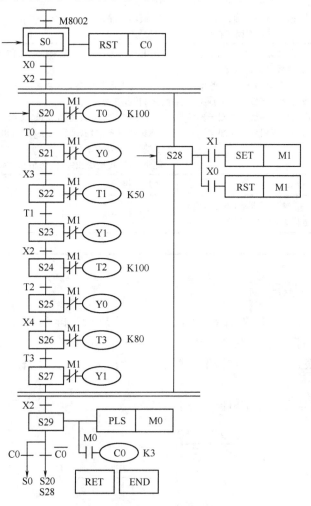

图 11-6 运料系统状态转移图

七、检测标准

	主要内容	考核要求	评分标准	配分	扣分	得分
1	程序设计	根据任务,列出PLC控制I/O口(输入/输出)地址分配表,根据控制要求,设计梯形图及PLC控制I/O口(输入/输出)接线图,根据梯形图,列出指令表	① 输入输出地址遗漏或搞错,每处扣1分 ② 梯形图表达不正确或画法不规范,每处扣2分 ③ 接线图表达不正确或画法不规范,每处扣2分 ④ 指令有错,每条扣2分	30		
2	程序输入及调试	熟练操作,能正确地将所编程序输入PLC;按照被控设备的动作要求进行模拟调试,达到设计要求	① 不会熟练操作计算机或编程器输入指令,扣2分 ② 不会用删除、插入、修改等命令,每项扣2分 ③ 一次仿真不成功扣8分;二次仿真不成功扣15分;三次仿真不成功扣20分	25		
3	元件安装	① 按图纸的要求,正确利用工具和仪表,熟练地安装电气元件 ② 元件在配电板上布置要合理,安装要准确、紧固 ③ 按钮盒不固定在板上	① 元件布置不整齐、不匀称、不合理,每只扣2分 ② 元件安装不牢固、安装元件时漏装螺钉,每只扣2分 ③ 损坏元件,每只扣5分	10		
4	布线	① 要求美观、紧固、无毛刺,导线要进行线槽 ② 电源和外部设备配线、按钮接线要接到端子排上,进出线槽的导线要有端子标注,引出端要用别径压端子	① 电动机运行正常,但未按电路图接线,扣1分 ② 布线不进行线槽,不美观,主电路、控制电路每根扣1分 ③ 接点松动、接头露铜过长、反圈、压绝缘层,标记线号不清楚、遗漏或误标,引出端无别径压端子,每处扣1分 ④ 损伤导线绝缘或线芯,每根扣0.5分	20		
5	团体合作精神	小组分工协作、积极参与	教师掌握	5		
6	安全文明生产	正确使用设备,遵守安全用电原则,无违纪行为	根据实际情况,扣1~10分	10		
合计						

八、思考及训练题

1. 三台电机启动时,M1先启动,2s后,M2才启动,再2s后M3启动。停止时,M3先停,1s后,M2才停,再1s后M1停。当任何一台电机过载,系统应立即停止工作。要求:列出I/O分配表;画出I/O外部接线图;设计出梯形图;写出语句表;运行调试。(采用状态编程法)

2. 用PLC控制钻孔动力头电路,题目内容:

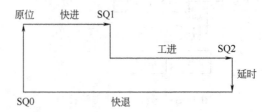

某一冷加工自动线有一个钻孔动力头,该动力头的加工过程:
① 动力头在原位,并加以启动信号,这时接通电磁阀 YV1,动力头快进。
② 动力头碰到限位开关 SQ1 后,接通电磁阀 YV1 和 YV2,动力头由快进转为工进,同时动力头电机转动(由 KM1 控制)。
③ 动力头碰到限位开关 SQ2 后,开始延时 10s。
④ 延时时间到,接通电磁阀 YV3,动力头快退。
⑤ 动力头回到原位。以上为一个循环。
⑥ 动力头运行循环 5 次后停止,按停止按钮,系统等一个循环运行结束后才停止。
要求:①I/O 分配表;②I/O 外部接线图;③状态转移图;④梯形图;⑤指令表。

项目 12　用 PLC 实现交通信号灯系统自动控制

一、能力目标

1. 进一步掌握 FX_{2N} 系列 PLC 的状态编程法。
2. 掌握 FX_{2N} 系列 PLC 的状态转移图的选择流程控制方法。
3. 进一步熟练 PLC 程序的输入调试。
4. 初步掌握 PLC 控制系统的安装接线和系统调试。

二、使用材料、工具、设备

使用材料、工具、设备见表 12-1。

表 12-1　使用材料、工具、设备表

名　称	型号或规格	数　量	名　称	型号或规格	数　量
可编程控制器	FX_{2N}-48MR	1 台	扳动开关	KBD5-3W2D	2 个
计算机	自行配置	1 台	指示灯	红、黄、绿	各 4 个
手持式编程器	FX-20P-E	1 台	连接导线		若干
熔断器	RL1-15/4	2 个	电工工具	自备	1 套

三、项目要求

能用 PLC 状态编程法的分支流程的选择性分支编写运料系统自动控制的程序,能熟练进行程序输入,并进行仿真调试,或安装接线。

四、学习形式

以小组为单位,采用案例教学法,培养学生的自学能力和组织协调能力。

五、实训原理说明

(一) 选择性分支流程状态转移图

在项目 10 中介绍了 FX_{2N} 系列 PLC 的状态编程法,其中的状态转移图是单支流程的。在状态转移图中还存在着多分支流程,多分支流程可分为选择性分支和并行性分支两种。本项目主要介绍选择性分支流程状态转移图。

从多个分支流程中选择执行其中一个流程的状态转移图称为选择性分支流程状态转移图，如图12-1所示。图中有三个分支流程，S0为分支状态，根据状态S0的不同转移条件，选择不同的分支流程。当X0为ON，执行S20开始的分支流程；当X4为ON，执行S30开始的分支流程；当X10为ON，执行S40开始的分支流程。S43为汇合状态，可由三个分支流程的S22、S32、S42中的任一状态驱动，与单流程一样，同一时间只能有一个状态处于开启状态。

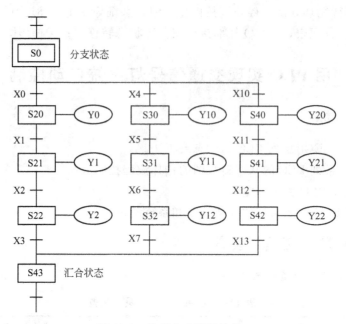

图12-1　选择分支流程结构

（二）选择性分支流程状态转移图编程

即转变为梯形图或语句表的基本原则是先集中处理分支状态，顺序处理各流程的输出驱动，最后再集中进行汇合状态处理。

在图12-1所示选择性分支流程状态转移图中，先处理分支状态S0的输出驱动，再集中处理分支状态，当X0为ON，应转移到S20开始的流程；当X4为ON，应转移到S30开始的流程；当X10为ON，应转移到S40开始的流程。

然后，处理S20开始的分支流程，接着是S30开始的分支流程，最后是S40开始的分支流程。最后集中进行汇合状态S43的处理。具体过程见图12-2所示。

选择分支的分支流程最大为8个。

六、实训

（一）交通信号系统的自动控制系统控制要求

系统说明如图12-3所示，用状态编程法实现如下控制要求。

自动开关QF合上后，东西绿灯亮6s闪2s；黄灯亮2s；对应南北红灯亮10s；接着南北绿灯亮6s闪2s；黄灯亮2s，东西红灯亮10s；如此循环下去。

当手控开关QS1合上后，东西绿灯亮，南北红灯亮；当QS2合上后，南北绿灯亮，东

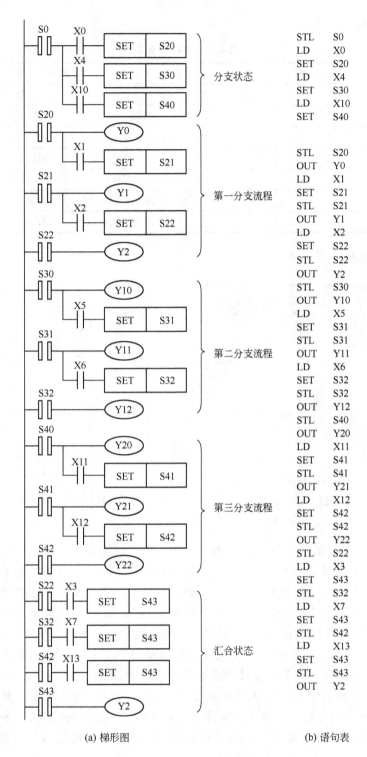

(a) 梯形图　　　　　　　(b) 语句表

图 12-2　并行分支流程编程例

西红灯亮。

（二）方法及步骤

1. 列出 I/O 分配表和 I/O 外部接线图

(1) I/O 分配表见表 12-2。

表 12-2 I/O 分配表

输入信号			输出信号		
名 称	代 号	输入编号	名 称	代 号	输出编号
自动开关	QF	X0	东西绿灯	HL1	Y0
手动开关	QS1	X1	东西黄灯	HL2	Y1
手动开关	QS2	X2	东西红灯	HL3	Y2
			南北绿灯	HL4	Y3
			南北黄灯	HL5	Y4
			南北红灯	HL6	Y5

(2) I/O 外部接线图如图 12-4 所示。

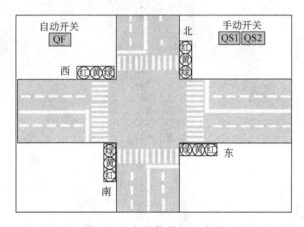

图 12-3 交通信号灯示意图

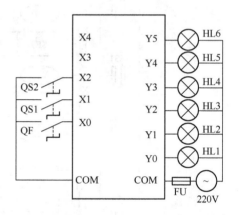

图 12-4 I/O 外部接线图

2. 程序设计

参考状态转移图如图 12-5 所示。梯形图和指令表由读者自行转换。

在图 12-5 所示的状态转移图，采用了选择性分支结构。主要考虑把自动状态与手动状态分开，自动状态为一个分支（S20 开始的流程），完成所要求的东西和南北红绿灯的动作循环。手动状态为另一个分支（S26 开始的流程），完成东西和南北红绿灯强制的动作要求。当交通信号灯处于自动状态 QF 合上（X0 为 ON）任何一个状态时，按下手动开关 QS1 或 QS2（X1 或 X2 为 ON），系统应退出自动状态，进入手动相应的状态。在程序中，靠在自动状态流程的各个状态转移条件并联 X1 或 X2 的常开触点，把当时的动作状态转移到分支状态 S0，然后，进入手动状态（S26 为 ON）。当释放手动开关 QS1 或 QS2（X1 或 X2 为 OFF），满足 S26 的转移条件，将动作状态转移到分支状态 S0。然后，如果 QF 仍合着，就又进入自动循环工作状态；如果 QF 断开，交通信号系统就进入停止等待状态。

3. 输入程序，并调试

① 首先，将图 12-5 的状态转移图转变为梯形图（自己编制的状态转移图或梯形图）或指令表程序，然后输入 PLC。

② 运行 PLC，进行程序调试，观察 PLC 输出是否符合控制要求。如有仿真对象，则启

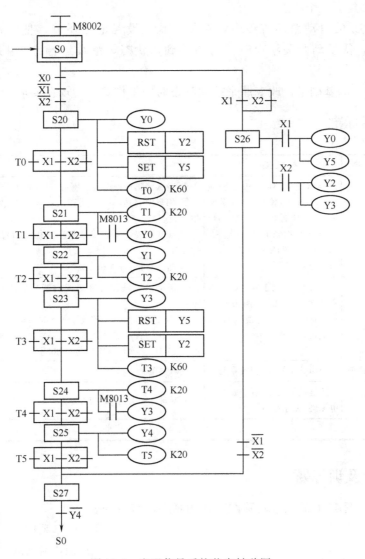

图 12-5 交通信号系统状态转移图

动仿真软件,进行调试。

③ 按照 I/O 图以及主电路,进行接线调试,观察控制系统是否能满足要求。

(三) 系统优化

1. 问题的提出

① 如果自动循环的闪光周期要求是 2s,并要求闪 3 次,将如何处理?

② 当按下手动开关,系统马上进入强制运行。当手动开关复位后,系统继续按原循环运行下去。

③ 当强制按钮 SB1 接通时,南北黄灯和东西黄灯同时亮,并不断闪亮(每周期 2s);同时将控制台指示灯点亮并关闭信号灯控制系统。控制台指示灯及强制闪烁的黄灯在下一次启动时熄灭。

2. 问题解决提示

① 在图 12-5 中,在 S21 和 S24 状态中,增加产生 2s 的时钟脉冲,并设置计数器计数 3

次后结束,转移到下一个状态。

② 在图 12-5 的自动循环流程中,在每个状态设置记忆环节,把手动开关按下时的状态记录下来,待手动开关结束时,再转移到该状态,继续运行。(用并行结构处理更合理)

③ 在图 12-5 的基础上,改变原来手动状态时的工作要求为现在要求,即可实现。

七、检测标准

	主要内容	考核要求	评分标准	配分	扣分	得分
1	程序设计	根据任务,列出 PLC 控制 I/O 口(输入/输出)地址分配表,根据控制要求,设计梯形图及 PLC 控制 I/O 口(输入/输出)接线图,根据梯形图,列出指令表	① 输入输出地址遗漏或搞错,每处扣 1 分 ② 梯形图表达不正确或画法不规范,每处扣 2 分 ③ 接线图表达不正确或画法不规范,每处扣 2 分 ④ 指令有错,每条扣 2 分	30		
2	程序输入及调试	熟练操作,能正确地将所编程序输入 PLC;按照被控设备的动作要求进行模拟调试,达到设计要求	① 不会熟练操作计算机或编程器输入指令,扣 2 分 ② 不会删除、插入、修改等命令,每项扣 2 分 ③ 一次仿真不成功扣 8 分;二次仿真不成功扣 15 分;三次仿真不成功扣 20 分	25		
3	团体合作精神	小组分工协作、积极参与	教师掌握	20		
4	安全文明生产	正确使用设备,遵守安全用电原则,无违纪行为	根据实际情况,扣 1~10 分	5		
合计						

八、思考及训练题

1. 请将下列图 12-6 的状态转移图转化为梯形图和指令表。

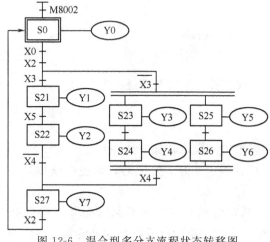

图 12-6 混合型多分支流程状态转移图

2. 某运料小车系统

启动按钮 SB1 用来启动运料小车,停止按钮 SB2 用来手动停止运料小车,按 SQ7、SQ8 选择工作方式按钮开关(程序每次只读小车到达 SQ2 以前的值),工作方式见下表。

按 SB1 小车从原点启动,则 KM1 接触器吸合使小车向前运行,直到碰 SQ2 开关,第一方式:小车停,KM2 接触器吸合使甲料斗装料 5s,然后小车继续向前运行直到碰 SQ3 开关停,此时 KM3 接触器吸合使乙料斗装料 3s;第二方式:小车停,则 KM2 接触器吸合使甲料斗装料 3s,然后小车继续向前运行直到碰 SQ3 开关停,此时 KM3 接触器吸合使乙料斗装料 5s;第三方式:小车停,KM2 接触器吸合使甲料斗装料 7s,小车不再前行;第四方式:小车继续向前运行直到碰 SQ3 开关停,此时 KM3 接触器吸合使乙料斗装料 8s;完成以上任何一种方式后,KM4 接触器吸合小车返回原点直到碰 SQ1 开关停止,KM5 接触器吸合使小车卸料 5s 后完成一次循环。在此循环过程中按下 SB2 按钮,小车完成一次循环后停止运行,否则小车完成 3 次循环后自动停止。

工作方式	SQ7	SQ8
第一方式	0	0
第二方式	1	0
第三方式	0	1
第四方式	1	1

项目 13 机械手的自动控制

一、能力目标

1. 熟练掌握数据基本结构以及功能指令的类型和使用要素。
2. 熟练掌握传送、移位寄存器等功能指令。
3. 学会用移位寄存器编写顺序控制程序,并进行接线、安装、调试。

二、使用材料、工具、设备

使用材料、工具、设备见表 13-1。

表 13-1 材料、工具、设备列表

名 称	型号或规格	数 量	名 称	型号或规格	数 量
可编程控制器	FX$_{2N}$-48MR	1 台	按钮	LA-3H	1 个
计算机	自行配置	1 台	电磁阀		4 个
行程开关	LXK1	4 个	连接导线		若干
熔断器	RL1-15/4	1 个	电工工具		1 套

若无电磁阀,可用中间继电器或其他元件代替进行模拟。

三、项目要求

按照系统的要求,设计程序,并能使用仿真软件进行成功的仿真以及安装接线调试。

四、学习形式

采用案例教学法,开发学生的发散性思维以及组织协调能力。

五、原理说明

(一)FX$_{2N}$ 系列 PLC 功能指令的基础知识

1. 功能指令的表达方式

PLC 功能指令,又称为应用指令,各指令有特定编号和对应的助记符,能完成指定的功能，主要用于程序控制、工业过程控制以及网络通信方面。可分为程序控制、算术与逻辑运算、传送与比较、移位与循环、高速处理、便利指令等多种。它的表达方式与基本指令不同，如图 13-1 所示。

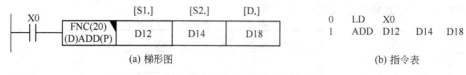

图 13-1 梯形图及指令表

（1）助记符 功能指令的助记符是该指令功能的英文缩写，如：加法指令"ADDITION"简写为 ADD。

（2）指令编号 每条功能指令都有相应的指令编号相对应，便于使用简易编程器输入，如：按下 FNC（20），就可以将 ADD 指令输入 PLC 内，采用计算机输入时，不需要记忆。

（3）执行方式 有连续执行和脉冲执行两种方式。

① 若在指令标示栏上标有符号 ▼ 时为连续执行，当执行条件满足时，每个扫描周期都执行一次，如图 13-1，当 X0 闭合时，每个扫描周期，均执行一次加法。

② 若指令后面有（P）时表示脉冲执行方式，当执行条件满足时，仅执行一个扫描周期，对于不要求每个扫描周期都执行的指令，常使用脉冲执行方式，以便缩短执行时间。

（4）操作数 即功能指令用于运算的各种数据或元件。

① 源操作数 用 [S] 表示，源操作数的特点是指令执行以后不改变其内容；若采用变址功能时，采用 [S.] 来表示。

② 目标操作数 用 [D] 来表示，目标操作数的特点是指令执行后，其内容将会被改变；若采用变址功能时，采用 [D.] 来表示。

③ 其他操作数 n 和 m 常用来表示常数或源操作数和目标操作数的补充说明，表示常数时，K 为十进制，H 为十六进制，如 K100 表示十进制常数 100。

一条指令中，源操作数、目标操作数、其他操作数可能不止一个，也可能一个没有，如有多个时，可用字母后带数字识别，如 [S1]、[S2] 等。

2. 一些常用知识

（1）数据长度 功能指令可处理 16 位和 32 位数据，其中处理 32 位数据的指令用（D）表示，处理 16 位数据的指令没有（D）符号，如图 13-2 所示。

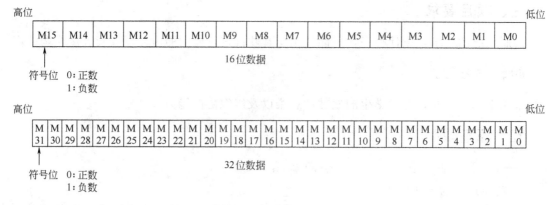

图 13-2 16 位和 32 位数据

(2) 位元件与字元件

① 位元件　处理闭合和断开状态的元件称为位元件，如：X、Y、M、S 等。

② 字元件　处理数据的元件称为字元件，如：数据寄存器 D、定时器 T 和计数器中当前值寄存器。

③ 位元件组合成字元件　以四个位元件为一个单元，如：KnX0 中，n 为单元组数，X0 为由位元件组合构成字元件的首元件编号，K4X0 表示由 X0~X17 组成 16 位数据操作，K8X0 表示由 X0~X37 组成的 32 位数据操作。

（二）传送指令（MOV）

① 数据传送指令包括 MOV（传送）、SMOV（位传送）、CML（反相传送）、BMOV（成批传送）、FMOV（多点传送）、XCH（数据交换）、BCD（BCD 码交换）、BIN（BIN 码交换）。这里仅介绍 MOV 指令。

② MOV(FNC12)，就是将源操作数的内容原封不动地传送到目标操作数去，源操作数不变（见图 13-3）。

③ 程序说明如下。

a. 当 X0 闭合时，运行连续执行型 16 位传送指令，每来一次扫描脉冲，将十进制数 50 转换为二进制后传送一次给 D20，当 X0 断开时，不执行传送指令。

b. 当 X1 闭合时，运行脉冲执行型 16 位传送指令，指令只执行一次将 D0 的内容传送给 D10。

c. 当 X2 闭合时，运行连续执行型 32 位传送指令。将 D1、D0 的内容传送到 D31、D30 中去。

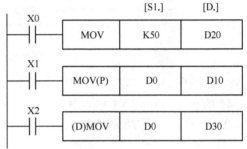

图 13-3　传送指令

④ 源操作数的类型可为：K、H、KnX、KnY、KnM、KnS、T、C、D、V、Z。目标操作数的类型可为：KnY、KnM、KnS、T、C、D、V、Z。

注意

使用时不能采用在指定范围以外的数据类型。

（三）移位指令

(1) 移位指令　包括 ROR（循环右移位）、ROL（循环左移位）、RCR（带进位循环右移位）、RCL（带进位循环左移位）、SFTR（位右移）、SFTL（位左移）、WSFR（字右移）、WSFL（字左移）、SFWR（FIFO 写入）、SFRD（FIFO 读出）。这里仅介绍 SFTR（位的右移）、SFTL（位的左移）。

(2) SFTR 指令　位右移指令，将指定的移位寄存器的位元件进行右移。

【例 13-1】请读者将图 13-4 中的程序输入计算机或 PLC，先按下 X1，然后连续按下 X0，请仔细观察 Y0~Y4 的变化。

程序说明　源操作数的长度是 1（由 n2 中的 K1 决定），在本例中，仅由 M1 组成源操作数。目标操作数的长度是 5（由 n1 中的 K5 决定），在本例中，数据的移位仅在 Y4~Y0 之间进行。X0 每闭合一次，执行一次移位操作。在图 13-4 中，X0 首次闭合时，就将源操

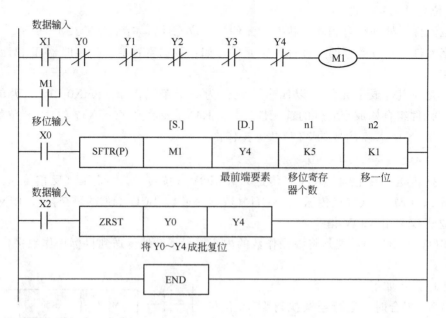

图 13-4 SFTR 移位指令

作数 M1 的状态（"0"或"1"）移到 Y4 去，第二次闭合时，将 Y4 的数据移动 Y3，同时，将 M1 的状态填补到 Y4 中，其余类推，最后溢出，其移位过程见图 13-5。当按下 X2 时，ZRST 指令将 Y4～Y0 成批复位。

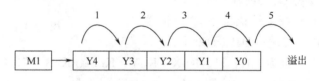

图 13-5 SFTR 指令移位过程示意图

（3）SFTL 指令　位左移指令，与 SFTR 相反，将指定的移位寄存器的位元件进行左移，其余类似。

【例 13-2】请读者将图 13-6 中的程序输入计算机或 PLC，先按下 X1，然后连续按下 X0，请仔细观察 Y4～Y10 的变化。

程序说明　与 SFTR 类似，只不过数据向左移，请在实验中注意两者的区别。

（4）SFTR、SFTL 的源操作数的类型可为：X、Y、M、S，目标操作数的类型可为：Y、M、S，n1、n2 选值（K、H，其中，n2≤n1≤1024）。

六、实训

（一）机械手控制要求

生产线上某机械手如图 13-7 所示，其工作是将工件从左工作台 A 搬运到右工作台 B。机械手原点设在左上方，即压下左限开关和上限开关，并且工作钳处于放松状态；机械手的连续工作循环为：原点启动→下降→夹紧→上升→右行→下降→放松→上升→左行→原点。机械手的全部动作由电磁阀控制的气缸来驱动，其中机械手的上升/下降和左行/右行的双向运动由双线圈的两位电磁阀控制，只有当控制某一方向运动的

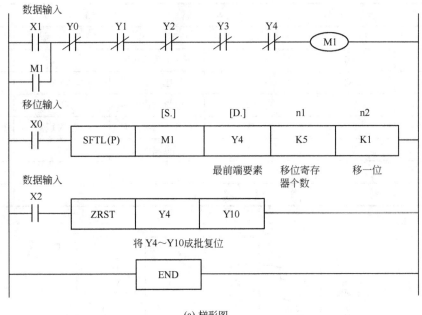

(a) 梯形图

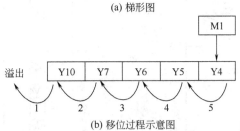

(b) 移位过程示意图

图 13-6　SFTL 移位指令说明

线圈通电时，机械手才能执行该方向的运动，失电时，保持在原位，若要反向运动，需要驱动反向电磁阀；工作钳使用单线圈电磁阀，线圈通电时夹紧工件，断电时松开工件。为安全并准确定位，共设置 SQ1、SQ2、SQ3、SQ4 四个限位开关分别对下降、上升、右行、左行进行限位，通过延时 2s 来表示夹紧、放松动作的完成，当机械手到达工作台 B 上方时，有一光电开关监测工作台 B 有无工件，以决定是否下降。机械手要求有手动、单周期、单步和连续工作四种方式，在本项目中，仅介绍连续方式。

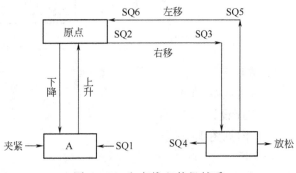

图 13-7　生产线上某机械手

（二）步骤及方法

1. I/O 分配表以及 I/O 接线图

（1）I/O 分配表　见表 13-2。

（2）I/O 接线图见图 13-8，因电磁阀线圈驱动电流较小，PLC 的输出点可以直接驱动。

表 13-2 I/O 分配表

输入信号			输出信号		
名　称	代　号	输入编号	名　称	代　号	输出编号
启动按钮	SB1	X0	下降电磁阀线圈	YV1	Y0
下限位开关	SQ1	X1	夹紧电磁阀线圈	YV2	Y1
上限位开关	SQ2	X2	上升电磁阀线圈	YV3	Y2
右限位开关	SQ3	X3	右移电磁阀线圈	YV4	Y3
左限位开关	SQ4	X4	左移电磁阀线圈	YV5	Y4
光电检测	K	X5			
停止按钮	SB2	X6			

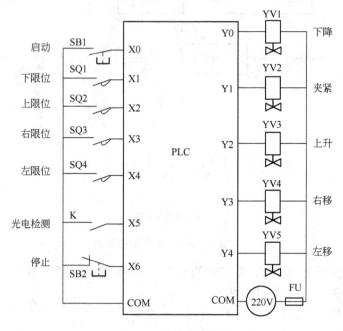

图 13-8 I/O 接线图

2. 流程图

流程图见图 13-9。

3. 程序设计

梯形图见图 13-10。

程序说明

① 机械手只有在原点时，方可启动，故采用 X2 和 X4 常开触点的串联作为启动的条件，当机械手处于原点时，X2、X4 将移位寄存器源操作数 M0 接通。在 M0 支路中采用 M1～M8 常闭触点，目的在于整个移位过程中，仅要求一个"1"在移位，以便机械手每次仅执行一个动作。

② 机械手下降　按下启动按钮，X0 闭合，因 M0 常开触点已闭合，故产生一个移位信号，将数据输入端 M0 的状态"1"移到 M1，M1 的常闭触点让 M0 线圈复位。M1 常开触点接通 Y0 线圈，机械手执行下降运动。之所以采用 M0 常开触点与 X0 常开触点串联，是

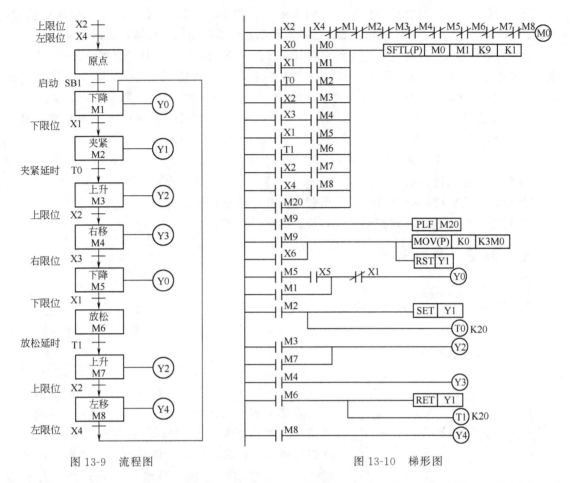

图 13-9　流程图　　　　　　　　图 13-10　梯形图

因为在实际工作中，外部开关的接通可能会产生抖动（多次通断），如没有 M0 的隔离，会在移位输入端产生多个移位信号，让移位寄存器多次移位，机械手动作错乱。

③ 工件夹紧　当下降到位，碰到下限位开关 SQ1，X1 闭合，产生一个移位信号，M1 复位，Y0 线圈失电，机械手停止下降，同时，M2 置位，其常开触点接通，Y1 线圈得电并自锁，同时，定时器 T0 开始计时。

④ 上升　T0 定时 2s 后，T0 常开触点闭合，产生一个移位信号，M2 复位，M3 置位，M3 常开触点接通 Y2 线圈，机械手上升。Y1 因采用置位指令，故依然保持夹紧状态。

⑤ 右移　当上升到位，碰到上限开关 SQ2，X2 闭合，产生一个移位信号，M3 复位，Y2 线圈失电，机械手停止上升，同时，M4 置位，M4 常开触点接通 Y3 线圈，机械手右移。

⑥ 机械手再次下降　当右移碰到右限开关 SQ3，X3 闭合，产生一个移位信号，M4 复位，Y3 线圈失电，机械手停止右移，同时，M5 置位，M5 常开触点接通，若此时 B 工作台无工件（X5 闭合），则机械手下降。

⑦ 放工件　当下降到位，碰到下限开关 SQ1，X1 闭合，产生一个移位信号，M5 复位，Y0 线圈得电，机械手停止下降，M6 置位，M6 常开触点接通，Y1 线圈被复位，工作钳放松。定时器 T1 开始计时。

⑧ 机械手再次上升　T1 定时 2s 后，T1 常开触点闭合产生一个移位信号，M6 复位，M7 置位，其常开触点接通，Y2 线圈得电，机械手上升。

⑨ 机械手左移 当上升到位后，碰到上限位开关 SQ2，X2 闭合，产生一个移位信号，M7 复位，停止上升，同时，M8 置位，M8 常开触点闭合接通 Y4 线圈，机械手左移。

⑩ 回到原点 左移到位后，碰到左限开关 SQ4，X4 闭合，产生一个移位信号，M8 复位，停止左移，同时，M9 置位，M9 常开触点闭合，接通传送指令，将"0"状态传到 M0～M12 的辅助继电器中，让移位寄存器复位。此时，机械手完成一个周期的工作。

⑪ 重新循环 当 M9 被复位后，M0 马上被接通，同时 M20 接通一个扫描周期，其常开触点闭合，产生一个移位信号，机械手下又开始一个工作周期。

4. 输入程序，并调试
① 将程序输入计算机。
② 启动仿真软件，并进行调试，观察是否符合控制要求。
③ 按照 I/O 图进行接线调试，观察是否能满足要求。

七、思考以及训练题

1. MOV 是_____指令，用于_____。
2. SFTR 是_____指令，用于_____。SFTL 是_____指令，用于_____。
3. 什么是 PLC 的操作数？在三菱 FX_{2N} 系列 PLC 中，有哪些操作数？
4. 什么是功能指令的连续执行工作方式？什么是脉冲执行工作方式？在指令上用什么符号或文字表示？
5. 若机械手要求能实现手动、单周期、步进、自动循环共四个工作方式，请采用移位指令设计出程序，并进行调试。要求：列出 I/O 分配表；画出 I/O 外部接线图；设计出梯形图；写出指令表；并进行安装调试。
6. 喷水池模拟系统如图 13-11 所示，喷池中央 E 处为高水柱，周围 A、B、C、D 处为低水柱，按下启动按钮，应能实现如下喷水过程：

高水柱（E）3s→停 1s→全部低水柱 2s→停 1s→AB 水柱 3s→停 2s→CD 水柱 3s→停2s→重复上述过程，请读者采用移位指令设计其控制程序。要求：列出 I/O 分配表；画出 I/O 外部接线图；设计出梯形图；写出指令表；并进行模拟调试。

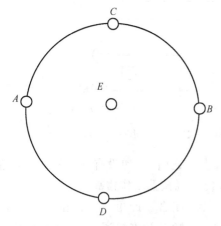

图 13-11 喷水池模拟系统

八、检测标准

序号	主要内容	考核要求	评分标准	配分	扣分	得分
1	程序设计	根据任务，列出 PLC 控制 I/O 口（输入/输出）地址分配表，根据控制要求，设计梯形图及 PLC 控制 I/O 口（输入/输出）接线图，根据梯形图，列出指令表	① 输入输出地址遗漏或搞错，每处扣 1 分 ② 梯形图表达不正确或画法不规范，每处扣 2 分 ③ 接线图表达不正确或画法不规范，每处扣 2 分 ④ 指令有错，每条扣 2 分	30		

续表

序号	主要内容	考核要求	评分标准	配分	扣分	得分
2	程序输入及调试	熟练操作,能正确地将所编程序输入PLC;按照被控设备的动作要求进行模拟调试,达到设计要求	① 不会熟练操作计算机或编程器输入指令扣2分 ② 不会用删除、插入、修改等命令,每项扣2分 ③ 一次仿真不成功扣8分;二次仿真不成功扣15分;三次仿真不成功扣20分	25		
3	元件安装	① 按图纸的要求,正确利用工具和仪表,熟练地安装电气元件 ② 元件在配电板上布置要合理,安装要准确、紧固 ③ 按钮盒不固定在板上	① 元件布置不整齐、不匀称、不合理,每只扣2分 ② 元件安装不牢固、安装元件时漏装螺钉,每只扣2分 ③ 损坏元件每只扣5分	10		
4	布线	① 要求美观、紧固、无毛刺,导线要进行线槽 ② 电源和电缘闸按钮配线、按钮接线要接到端子排上,进出线槽的导线要有端子标注,引出端要用别径压端子	① 电动机运行正常,但未按电路图接线,扣1分 ② 布线不进行线槽,不美观,主电路、控制电路,每根扣1分 ③ 接点松动、接头露铜过长、反圈、压绝缘层,标记线号不清楚、遗漏或误标,引出端无别径压端子,每处扣1分 ④ 损伤导线绝缘或线芯,每根扣0.5分	20		
5	团体合作精神	小组分工协作、积极参与	教师掌握	5		
6	安全文明生产	正确使用设备,遵守安全用电原则,无违纪行为	根据实际情况,扣1~10分	10		
合计						

项目14 小车控制

一、能力目标

1. 掌握传送指令和比较指令的应用。
2. 通过对小车控制编程,进一步掌握传送指令和比较指令的编程技巧。
3. 熟练掌握编程软件和仿真软件的使用。

二、使用材料、工具、设备

使用材料、工具、设备见表14-1。

表14-1 材料、工具、设备表

名称	型号或规格	数量	名称	型号或规格	数量
可编程控制器	FX_{2N}-48MR	1台	熔断器	RL1-15/4	1个
计算机	自行配置	1台	三相异步电动机	1.1kW/380V	1台
交流接触器	CJ20-16	2台	连接导线		若干
热继电器	JR16-20/3	1个	电工工具		1套

三、项目要求

1. 能运用传送指令和比较指令编写小车控制程序。
2. 能熟练进行接线安装和调试。
3. 能利用仿真软件进行成功的仿真。

四、学习形式

以小组为单位，采用项目教学法，培养学生自学能力和组织协调能力。

五、原理说明

（一）加1和减1指令

INC为加1指令，它的功能是将指定的目标操作元件［D.］中的二进制数自动加1，DEC为减1指令，它的功能是将指定的目标操作元件［D.］中的二进制数自动减1。如图14-1所示，当X1每接通一次时K1Y0的数自动增加1，当X2每接通一次时K1Y10的数自动减1。

【例14-1】（小实验）请读者将图14-1程序输入PLC中进行验证，并注意各输出点的变化。

（二）比较指令

比较指令有比较（CMP）和区间比较（ZCP）两种。

① CMP指令的功能是将源操作数［S1］和［S2］的数据进行比较，结果送到目标操作数［D］中，其指令代码为FNC10。说明如图14-2所示。

当X0＝ON时，将十进数K100与计数器C2的当前值进行比较，比较结果送到M0～M2中，若K100＞C2的当前值时，M0为ON；若K100＝C2的当前值时，M1为ON；若K100＜C2的当前值时，M2为ON。当X0＝OFF时，不进行比较，M0～M2的状态保持不变。

② ZCP指令的功能是将源操作数［S.］的数值与另外两个操作数［S1.］、［S2.］进行比较，结果送到目标操作元件［D.］中，且源数据［S1.］≤［S2.］。说明如图14-3所示。当X1＝ON时，执行ZCP指令，将T2的当前值与10和15比较，结果送到M3～M5中，若10＞T2的当前值，M3为ON，若10≤T2的当前值≤15时，M4为ON，若15＜T2当前值时，M5为ON。当X1＝OFF时，ZCP指令不执行，M3～M5的状态保持不变。

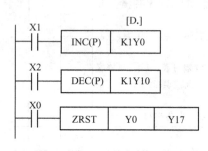

图14-1 加1和减1指令说明

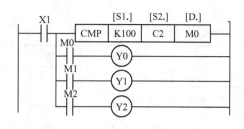

图14-2 CMP指令使用说明

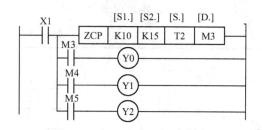

图14-3 ZCP指令使用说明

六、实训

1. 控制要求

如图 14-4 所示。在小车所停位置 SQ 的编号大于呼叫的 SB 编号时,小车往左运行至呼叫的 SB 位置后停止。当小车所停位置 SQ 的编号小于呼叫的 SB 编号时,小车往右运行至呼叫的 SB 位置后停止。小车所停位置 SQ 的编号等于呼叫的 SB 编号时,小车不动。试根据题意要求,编写 PLC 控制程序。

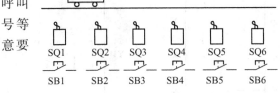

图 14-4 小车运动控制结构示意图

2. 方法及步骤

① I/O 分配表,见表 14-2。

表 14-2 输入/输出点分配表

输入信号			输出信号		
名 称	代 号	输入点编号	名 称	代 号	输出点编号
启动按钮	SB	X0	交流接触器(左移)	KM1	Y0
位置1呼叫按钮	SB1	X1	交流接触器(右移)	KM2	Y1
位置2呼叫按钮	SB2	X2			
位置3呼叫按钮	SB3	X3			
位置4呼叫按钮	SB4	X4			
位置5呼叫按钮	SB5	X5			
位置6呼叫按钮	SB6	X6			
行程开关1	SQ1	X11			
行程开关2	SQ2	X12			
行程开关3	SQ3	X13			
行程开关4	SQ4	X14			
行程开关5	SQ5	X15			
行程开关6	SQ6	X16			

② I/O 接线图 小车运动控制 I/O 接线图如图 14-5 所示。SB1～SB6 为位置呼叫按钮,对应地输入点编号为 X1～X6,SQ1～SQ6 为行程开关,对应地输入点编号为 X11～X16,Y0 控制交流接触器 KM1,Y1 控制交流接触器 KM2。

③ 梯形图 小车控制梯形图如图 14-6 所示。首先用传送指令 MOV 将行程开关的输入点编号 X11～X16 传送到数据寄存器 D0 中,再用传送指令 MOV 将位置呼叫按钮的输入点编号 K1～K6 传送到数据寄存器 D1 中。当 X0=ON 时,执行 CMP 指令。当 D0>D1 时,M0=ON,Y0=ON;当 D0<D1 时,M2=ON,Y1=ON;当 D0=D1 时,M1=ON,小车不动。

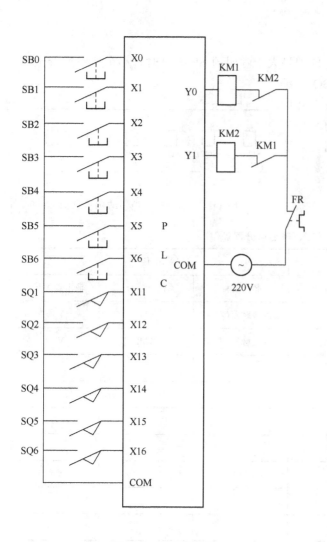

图 14-5 I/O 接线图

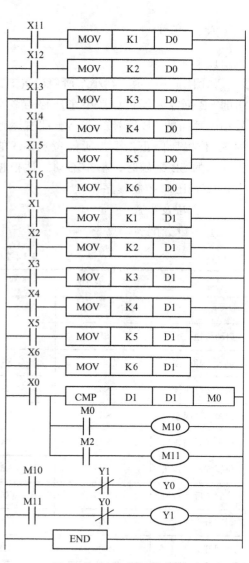

图 14-6 小车控制梯形图

七、检测标准

序号	考核项目	考核内容	配分	考核要求及评分标准	扣分	得分
1	工艺	接线	5分	按原理图接线且正确		
2		布线工艺	5分	工艺符合标准		
3	系统与程序设计	I/O 配置	5分	I/O 配置合理		
		梯形图设计	20分	能实现控制要求 10 分 有创新意识 10 分		
		程序编写	10分	符合编程规则 5 分 输入正确 5 分		
4	调试与运行	程序调试与运行	25分	能排除故障 10 分 符合控制要求 15 分		

续表

序号	考核项目	考核内容	配分	考核要求及评分标准	扣分	得分
5	实训报告	按要求完成，正确	10 分	教师掌握		
6	安全文明生产	正确使用工具、无操作不当引起的事故	10 分	教师掌握		
7	团结合作精神	分工协作积极参与	10 分	教师掌握		
	实际总得分			教师签名		

八、思考题

1. 传送指令有哪几种？试比较它们。
2. 写出上述的梯形图的指令表形式，并进行上机调试。
3. 上述梯形图能用块传送指令吗？为什么？

项目 15　高速计数器的应用

一、能力目标

1. 掌握高速计数器置位、复位和区间比较指令。
2. 掌握 FX_{2N} 系列 PLC 高速计数器（C235～C255）和输入端口（X1～X7）使用特点。

二、使用材料、工具、设备

使用材料、工具、设备见表 15-1。

表 15-1　材料、工具、设备表

名　称	型号或规格	数　量	名　称	型号或规格	数　量
可编程控制器	FX_{2N}-48MR	1 台	按钮	LA10-1	1 个
计算机	自行配置	1 台	熔断器	RL1-15/4	1 个
变频器	三菱	1 台			

三、项目要求

通过对高速计数器基本知识的学习，能够编写钢板开采冲剪流水线控制程序，并根据实际情况进行仿真。

四、学习形式

以小组为单位，采用项目法培养学生自学能力和组织协调能力。

五、原理说明

（一）高速计数器概述

高速计数器是对较高频率的信号进行计数的计数器。与普通计数器相比较，高速计数器工作不受机器扫描频率的限制，它可以以中断方式对机外高频信号进行计数。完成许多工业控制计数场合的要求。

在现代技术条件下,几乎大多数物理量都可以转变为脉冲列。当信号的量值发生变化时,它所转变的脉冲列的频率发生变化。比如光电编码器可以将转速变化为频率信号,速度越高,单位时间内脉冲数就越多。利用压频器件可以将电压转变为脉冲信号,然后用计数器统计单位时间中的脉冲数,再经过一定的当量运算求出对应的电压值。以上变换的实质都是将模拟量转化成数字量,便于数字控制。一般来说,通过编码以后的信号频率都高于机器的扫描频率,几乎能达到几千赫兹,而机内的普通计数器根本无法进行这种计数工作。

高速计数器的主要特点如下。

1. 对外部信号计数,以中断方式工作

为了接收机外的高频信号,可编程控制器设有专用的输入端子和控制端子。这些端子通常设置在输入口中,这些端子既可完成普通端子的功能,还能接收机外的高频信号。为了满足控制准确性要求,计数器的计数、启动、复位及数值控制功能都能采用中断方式工作。

2. 计数范围大,计数频率高

一般高速计数器均为32位加减计数器。其中最高位的"+"或"-"表明计数的方向。最高计数频率为10kHz。

3. 工作设置较为灵活

高速计数器除了具有普通计数器通过软件(用户程序)完成启动、复位以及使用特殊辅助继电器改变计数方向等功能外,还可通过机外信号实现对其工作状态的控制,如启动、复位以及改变计数方向等。

4. 有专用的工作指令

普通计数器工作时,一般是达到其设定值时触点动作,然后再通过程序实现对其他器件的控制。而高速计数器除了具有普通计数器的这一工作方式外,还具有专门的控制指令,通过本身的触点,以中断方式直接完成对其他器件的控制。

(二) FX_{2N} 系列可编程控制器的高速计数器

FX_{2N} 系列 PLC 设有 C235~C255 共 21 点高速计数器。它们在可编程控制器共享 X0~X5 6 个高速计数器的输入端口。当高速计数器的一个输入端被某个计数器占用时,这个输入端就不能再被其他高速计数器使用,这样在 PLC 中,最多只能有 6 个高速计数器同时工作。

由于高速计数器是按中断方式进行工作的,因此,它独立于扫描周期。所选定的计数器线圈也应被连续驱动,以表明这个计数器及其有关输入端应保留,而其他高速处理不能再用这个端子。

FX_{2N} 系列可编程控制器高速计数器有以下几种分类

1 相无启动/复位端子	C235~C240	6 点
1 相带启动/复位端子	C241~C245	5 点
1 相双输入型	C246~C250	5 点
2 相 A-B 相型	C251~C255	5 点

以上高速计数器均为32位增/减计数器。各个高速计数器都有其对应的输入端子,见表15-2。

表 15-2　FX$_{2N}$ 系列可编程控制器高速计数器与各输入端子对应关系

输入	1 相无启动/复位						1 相带启动/复位					1 相双输入					2 相 A-B 相				
	C235	C236	C237	C238	C239	C240	C241	C242	C243	C244	C245	C246	C247	C248	C249	C250	C251	C252	C253	C254	C255
X0	U/D						U/D					U	U		U		A	A		A	
X1		U/D						R				D	D		D		B	B		B	
X2			U/D						U/D					R		R			R		R
X3				U/D					R					U		U			A		A
X4					U/D					U/D				D		D			B		B
X5						U/D				R				R		R			R		R
X6										S				S					S		
X7											S				S						S

注：表中：U 表示增计数输入，D 表示减计数输入，A 表示 A 相输入，B 表示 B 相输入，R 表示复位输入，S 表示启动输入。

下面分别介绍以上四种高速计数器的使用方法。

1. 1 相无启动/复位端子高速计数器

1 相无启动/复位端子高速计数器共有 6 点，编号为 C235～C240。它们的计数方式及触点动作与普通计数器相同。每个计数器只用 1 个输入端。作增计数时，当计数值达到设定值时触点动作并保持。作减计数时，到达计数值则复位。计数方向取决于 M8235～M8240 通或断。这类高速计数器只能由程序安排进行启动和复位。因为它本身没有外部启动和复位控制端子。

图 15-1 为 1 相无启动/复位端子高速计数器应用举例。当 X10 接通时，M8235 为 ON，计数器设为减计数；X10 断开时，M8235 为 OFF，计数器设为增计数。当 X11 接通，C235 复位置 0，C235 触点断开。当 X12 接通时，计数器 C235 被选中，此时 C235 对 X0 输入端的脉冲信号进行计数。计数到达设定值时，计数器 C235 触点动作，Y10 被驱动。若程序中无辅助继电器 M8235 及相关程序时，机器默认为增计数。

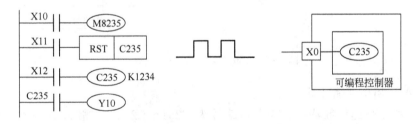

图 15-1　1 相无启动/复位端子高速计数器应用举例

2. 1 相带启动/复位端子高速计数器

1 相带启动/复位端子高速计数器共有 5 点，编号为 C241～C245。每个计数器各有一个计数输入端和一个复位输入端。其中计数器 C244 和 C245 还各有一个启动输入端。图 15-2 为 1 相带启动/复位端子高速计数器应用举例。此例的梯形图结构和图 15-1 基本相似，所不同的是 C245 较之于 C235 另设有外启动及复位信号。值得注意的是，X7 端子上送入的外启动信号只有在 X15 接通、计数器 C245 被选中时才有效。而 X3 和 X14 两个复位信号则并行有效。

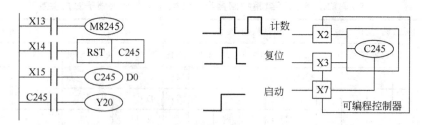

图 15-2 1 相带启动/复位端子高速计数器

3. 1 相双输入型高速计数器

1 相双输入型高速计数器共有 5 点，编号为 C246～C250。这类高速计数器有两个外部计数输入端子。一个为增计数输入端子，一个为减计数输入端子。其中 C246 只能通过程序安排启动和复位，C247、C248 还设有外复位信号，而 C249、C250 既设有外复位信号，还设有外启动信号。见表 15-2。

图 15-3 为 1 相双输入型高速计数器，其中图（a）为 1 相双输入型无启动/复位端高速计数器，图（b）为 1 相双输入型带启动/复位端高速计数器。图中 X5 及 X7 分别为外启动及外复位端。

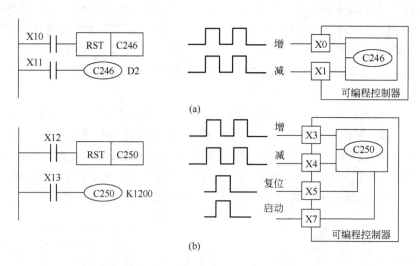

图 15-3 1 相双输入型高速计数器

4. 2 相 A-B 相型高速计数器

2 相 A-B 相型高速计数器共有 5 点，编号为 C251～C255。2 相 A-B 相型高速计数器的两个脉冲输入端是同时工作的，外计数方向控制方式由二相脉冲间的相位决定。限于篇幅，有关 2 相 A-B 相型高速计数器的特点及使用方法请参阅有关可编程控制器的使用手册。

（三）高速计数器的线圈驱动方式及计数信号输入方式

如图 15-4 所示，当 X20 接通时，高速计数器 C235 被选中，根据表 15-2 中 C235 对应的计数输入端应为 X0，因此，计数脉冲应从 X0 输入而不是从 X20 或别的输入端输入。

当 X20 断开时，线圈 C235 断开，同时 C236 接通，计数器 C236 被选中。此时，计数脉冲应从 C236 输入，而不是从 C20 或别的输入端输入。由此可见，高速计数器的选择不是任意的，应根据所需计数器的类型及高速输入的端子来选择。在 X0～X5 这 6 个输入端中，X0、

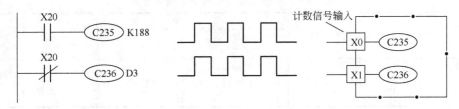

图 15-4　高速计数器的线圈驱动方式及计数信号输入方式

X2、X4 输入脉冲最高频率为 10kHz，X1、X3、X5 输入脉冲的最高频率为 7kHz。另外，X6、X7 两个输入端作为高速计数器的脉冲输入端，只能作为相应计数器的启动输入端。

（四）高速计数器的指令

FX_{2N} 系列 PLC 中与高速计数器有关的指令有以下三条，现分别介绍如下。

1. 高速计数器的置位指令

该指令的助记符、指令代码、操作数、程序步见表 15-3。

表 15-3　高速计数器置位指令要素

指令名称	助记符	指令代码位数	操作数			程序步
			[S1.]	[S2.]	[D.]	
高速计数器的置位指令	(D)HSCS	FNC53(16/32)	K、H、KnX、KnY、KnM、KnS、T、C、D、V、Z	C(C=235～255)	Y、M、S	(D)HSCS…13 步

如图 15-5 所示，当 X10 接通时，计数器 C255 启动。当高速计数器 C255 的当前值由 99 变为 100 或由 101 变为 100 时，Y10 立即置 1。

2. 高速计数器复位指令

该指令的助记符、指令代码、操作数、程序步见表 15-4。

表 15-4　高速计数器复位指令要素

指令名称	助记符	指令代码位数	操作数			程序步
			[S1.]	[S2.]	[D.]	
高速计数器的复位指令	(D)HSCR	FNC54(16/32)	K、H、KnX、KnY、KnM、KnS、T、C、D、V、Z	C(C=235～255)	Y、M、S	(D)HSCR…13 步

如图 15-6 所示，当 X11 接通时，计数器 C255 启动。当高速计数器 C255 的当前值由 199 变为 200 或由 201 变为 200 时，Y10 立即复位。

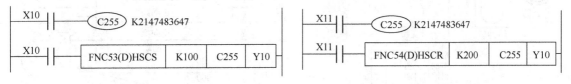

图 15-5　高速计数器置位指令　　　　图 15-6　高速计数器复位指令

3. 区间比较指令

该指令的助记符、指令代码、操作数、程序步见表 15-5。

表 15-5 高速计数器区间比较指令要素

指令名称	助记符	指令代码位数	操作数 [S1.]/[S2.] [S1.]≤[S2.]	操作数 [S.]	操作数 [D.]	程序步
高速计数器区间比较指令	(D)HSZ	FNC55(32)	K、H、KnX、KnY、KnM、KnS、T、C、D、V、Z	C(C=235～255)	Y、M、S（3连号元件）	(D)HSZ…13步

如图 15-7 所示，当 C251 的当前值小于 1000 时，Y0 置 1，大于等于 1000 小于等于 2000 时，Y1 置 1，大于 2000 时，Y2 置 1。

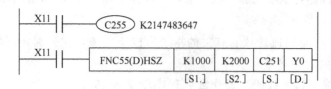

图 15-7 高速计数器区间比较指令

高速计数器的几点说明。

① 使用高速计数器控制指令时，梯形图中应含有计数器设置内容，以明确该计数器已被选用。

② 在同一程序中要多处使用高速计数器控制指令，其输出器件编号应相同，这样可以在同一中断处理过程中完成控制。

③ 辅助继电器 M8025 为高速计数器指令的外部复位标志。当 M8025 置 0 时，所有高速计数器比较指令在高速计数器的外部复位端送入复位脉冲时执行。

六、实训

（一）项目描述

如图 15-8(a) 所示，为钢板开采冲剪流水线控制结构示意图。开卷机用来将带钢卷打开，多星辊用来将钢板整平，冲剪机用来将钢板冲剪成一定长度的钢板。长度的测量是用光电编码器或接近开关形成高频脉冲，再用高速计数器对脉冲计数。系统通过变频调速器驱动交流电机作为送料拖动力。系统每剪切一块钢板，电机都要经过启动送料、稳速运行、减

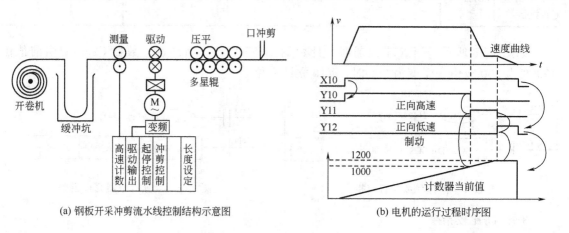

(a) 钢板开采冲剪流水线控制结构示意图 (b) 电机的运行过程时序图

图 15-8 钢板开采冲剪流水线控制

速、制动停车几个步骤。电机的运行过程如图 15-8(b) 所示。

(二) 控制要求

根据钢板开采冲剪流水线控制结构示意图，采用 PLC 控制技术，将带钢冲剪成一定长度的钢板。要求正确编写控制程序。

(三) 方法及步骤

1. I/O 分配表（见表 15-6）

表 15-6　I/O 分配表

输入信号			输出信号		
名称	代号	输入点编号	名称	代号	输出点编号
启动/停止按钮	SB1	X10	正向高速	PWM	Y10
			正向低速	PWM	Y11
			制动	PWM	Y12
			冲剪	KM	Y13

2. PLC I/O 接线图（见图 15-9）

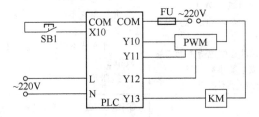

图 15-9　PLC I/O 接线图

3. 程序设计（见图 15-10）

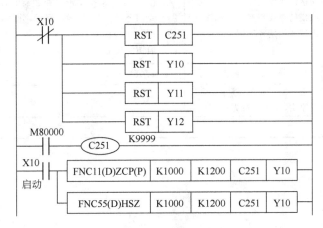

图 15-10　梯形图

七、思考题

1. 某控制系统选用了 C6、C238、C245 三个计数器，它们的计数信号应分别从哪个输入端子输入？

2. 若控制系统同时选用 C237、C246、C253 三个高速计数器,假设它们的最高计数频率分别为 7.5kHz、5.5kHz、1.8kHz,该系统是否能正常运行?为什么?

3. 试选择一种 PWM,并画出它的外部接线端子图。

八、检测标准

	主要内容	考核要求	评分标准	配分	扣分	得分
1	程序设计	根据任务,列出 PLC 控制 I/O 口(输入/输出)地址分配表,根据控制要求,设计梯形图及 PLC 控制 I/O 口(输入/输出)接线图,根据梯形图,列出指令表	① 输入输出地址遗漏或搞错,每处扣 1 分 ② 梯形图表达不正确或画法不规范,每处扣 2 分 ③ 接线图表达不正确或画法不规范,每处扣 2 分 ④ 指令有错,每条扣 2 分	30		
2	程序输入及调试	熟练操作,能正确地将所编程序输入 PLC;按照被控设备的动作要求进行模拟调试,达到设计要求	① 不会熟练操作计算机或编程器输入指令,扣 2 分 ② 不会用删除、插入、修改等命令,每项扣 2 分 ③ 一次仿真不成功扣 8 分;二次仿真不成功扣 15 分;三次仿真不成功扣 20 分	25		
3	元件安装	① 按图纸的要求,正确利用工具和仪表,熟练地安装电气元件 ② 元件在配电板上布置要合理,安装要准确、紧固; ③ 按钮盒不固定在板上	① 元件布置不整齐、不匀称、不合理,每只扣 2 分 ② 元件安装不牢固、安装元件时漏装螺钉,每只扣 2 分 ③ 损坏元件,每只扣 5 分	10		
4	布线	① 要求美观、紧固、无毛刺,导线要进行线槽 ② 电源和电动机配线,按钮接线要到端子排上,进出线槽的导线要有端子标注,引出端要用别径压端子	① 电动机运行正常,但未按电路图接线,扣 1 分 ② 布线不进行线槽,不美观,主电路、控制电路每根扣 1 分 ③ 接点松动、接头露铜过长、反圈、压绝缘层,标记线号不清楚、遗漏或误标,引出端无别径压端子,每处扣 1 分 ④ 损伤导线绝缘或线芯,每根扣 0.5 分	20		
5	团体合作精神	小组分工协作、积极参与	教师掌握	5		
6	安全文明生产	正确使用设备,遵守安全用电原则,无违纪行为	根据实际情况,扣 1~10 分	10		
合计						

课题三 工程实践部分

项目16 抢答器的制作

一、能力目标

1. 熟练掌握条件跳转指令、七段码显示指令的使用。
2. 进一步熟练使用编程软件和仿真软件。

二、使用材料、工具、设备

使用材料、工具、设备见表16-1。

表16-1 材料、工具、设备表

名称	型号或规格	数量	名称	型号或规格	数量
可编程控制器	FX_{2N}-48MR	1台	电铃		1个
计算机	自行配置	1台	按钮		5个
绿色指示灯		3个	连接导线		若干
红色指示灯		3个	电工工具		1套
蓝色指示灯		1个			

三、项目要求

能使用PLC进行抢答器的制作,能使用仿真软件进行成功的仿真以及安装接线调试。

四、学习形式

采用案例教学法,开发学生的发散性思维以及组织协调能力。

五、原理说明

(一)跳转指令

(1) CJ指令 条件跳转指令,当满足某个条件时,跳过顺序程序的某部分,从相应标号处往下执行,如图16-1所示。

在图16-1中,如果常开触点X1闭合,则执行CJ指令,程序B将不被执行,而跳到标号P1去,执行程序C,如果常开触点X1断开,则不执行CJ指令,程序A执行完毕以后,按顺序执行程序B和程序C。

跳转指令的格式如图16-2所示。

图中,Px为标号。

(2) CJ程序使用注意事项。

① 跳转指令所使用的标号为:P0~P63共64个,每个标号只限于使用一次,否则将会

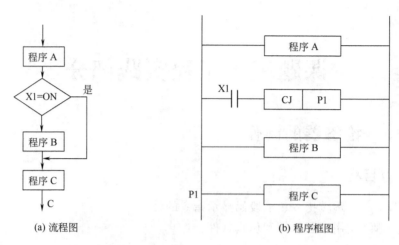

(a) 流程图 (b) 程序框图

图 16-1 跳转指令

出错。

② 当程序需要无条件跳转时，可使用 M8002（常 ON 触点）与 CJ 指令配合使用，如图 16-3 所示。

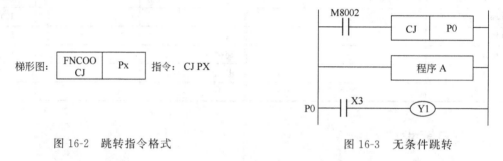

图 16-2 跳转指令格式　　　　　　图 16-3 无条件跳转

③ 当多个 CJ 指令跳转到相同的终点时，可以使用相同的标号，如图 16-4 所示。

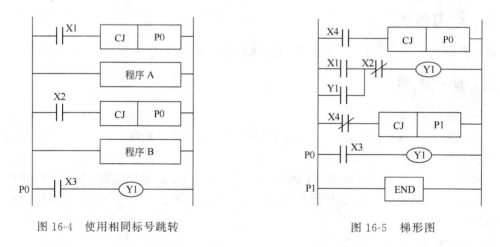

图 16-4 使用相同标号跳转　　　　　图 16-5 梯形图

【例 16-1】 小实验，请读者将图 16-5 的程序输入 PLC，并进行仿真试验。

程序说明：请读者注意观察 X4 断开和闭合时，程序执行后得到的结果会发现，这是一个电动机点动控制和连续运转控制程序。

（二）七段码显示指令

（1）格式　如图 16-6 所示。

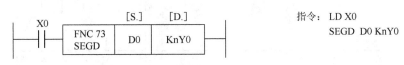

图 16-6　七段码显示指令格式

（2）功能　将 [S.] 中的低 4 位指定的 0～F（十六进制数）的数据译成七段码显示的数据存入 [D.] 中，[D.] 中的高八位数据不变。

六、实训

（一）控制要求

在知识竞赛中，共有 3 组队员参加，规则如下：主持人每念完一个题目后即发出"开始"的口令，同时，主持人蓝色指示灯亮，各队进入抢答状态，可按抢答按钮抢答。如抢答成功，则该组指示绿灯亮，主显示牌显示抢到的组号。主持人未发出"开始"的口令，蓝灯未亮就发生抢答的，视为偷答，偷答发生时，该组红灯亮，电铃响，主显示牌显示偷答的组号。当有人偷答时，该题作废。每当下一道题开始前，由主持人（或工作人员）对灯以及显示牌进行复位。请使用 PLC 进行该抢答器的制作。

（二）方法及步骤

1. 列出 I/O 分配表和 I/O 接线图。

（1）I/O 分配表　见表 16-2。

表 16-2　I/O 分配表

输入信号			输出信号		
名称	代号	输入编号	名称	代号	输出编号
1 组按钮	K1	X1	1 组绿灯	HL1	Y00
2 组按钮	K2	X2	1 组红灯	HL2	Y01
3 组按钮	K3	X3	2 组绿灯	HL3	Y02
开始按钮	K4	X4	2 组红灯	HL4	Y03
复位按钮	K5	X5	3 组绿灯	HL5	Y04
			3 组红灯	HL6	Y05
			电铃		Y06
			七段码		Y10～Y16

（2）I/O 接线图　见图 16-7。

2. 程序设计

程序说明：梯形图见 16-8，当主持人尚未说开始，K4 没有闭合（X4 为 off），此时程序跳转至第 5 行开始执行，如有人此时抢答，该组红灯亮，且将该组组号通过译码指令送至输出，相应的数码管接通，显示组号。如主持人已经按下开始按钮 K4 后，程序执行 2～4 行，不执行 6～8 行，并将抢答结果送译码器输出。

3. 输入程序仿真试验

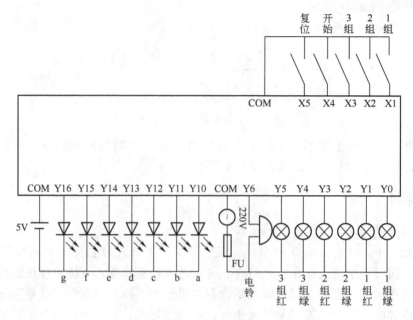

图 16-7 I/O 接线图

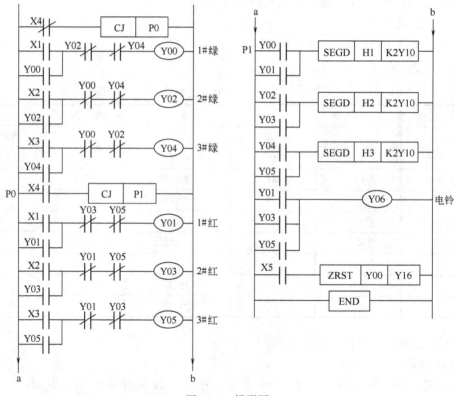

图 16-8 梯形图

4．程序优化

① 设置抢答时间，即：设有 5s 抢答时间，如在 5s 内无人抢答，该题作废。

② 设置回答问题时间，如设置回答时间为 30s，30s 内不能回答，不得分。

七、思考及训练题

1. 请读者运用已学知识完成程序的优化。
2. 用一个七段数码管,显示 X1 输入接通次数,第五次接通后,再从"0"开始。

八、检测标准

序号	主要内容	考核要求	评分标准	配分	扣分	得分
1	程序设计	根据任务,列出 PLC 控制 I/O 口(输入/输出)地址分配表,根据控制要求,设计梯形图及 PLC 控制 I/O 口(输入/输出)接线图,根据梯形图,列出指令表	① 输入输出地址遗漏或搞错,每处扣 1 分 ② 梯形图表达不正确或画法不规范,每处扣 2 分 ③ 接线图表达不正确或画法不规范,每处扣 2 分 ④ 指令有错,每条扣 2 分	40		
2	程序输入及调试	熟练操作,能正确地将所编程序输入 PLC;按照被控设备的动作要求进行模拟调试,达到设计要求	① 不会熟练操作计算机输入指令,扣 2 分 ② 不会用删除、插入、修改等命令,每项扣 2 分 ③ 一次仿真不成功扣 8 分;二次仿真不成功扣 15 分;三次仿真不成功扣 20 分	40		
3	团体合作精神	小组分工协作、积极参与	教师掌握	10		
4	安全文明生产	正确使用设备,遵守安全用电原则,无违纪行为	根据实际情况,扣 1~10 分	10		
合计						

项目 17　水塔自动控制系统

一、能力目标

1. 提高使用 PLC 解决生产实际问题的能力。
2. 熟练掌握各种联锁以及报警信号的处理。
3. 能综合使用所学指令编制水塔自动控制系统,并能模拟运行。

二、使用材料、工具、设备(见表 17-1)

表 17-1　材料、工具、设备表

名称	型号或规格	数量	名称	型号或规格	数量
可编程控制器	FX_{2N}-48MR	1 台	连接导线		若干
计算机	自行配置	1 台	电工工具		1 套
水塔模型		1 台			

三、项目要求

能使用 PLC 完成对水塔供水的自动控制,能使用仿真软件进行成功的仿真并进行模拟调试。

四、学习形式

以小组为单位，采用项目法，培养学生的自学能力和组织协调能力。

五、原理说明

在工程实践中，经常需要对各设备进行检测，通过对外部控制线路以及设备的检测，并对故障情况进行相应的报警，可以及时发现故障点，缩短故障修复时间，保证生产的正常进行。本项目通过一个实例，简单介绍几种常用的报警方法。

（一）内部特殊继电器

在 PLC 里面有 256 个特殊继电器，这些特殊继电器均有其特殊的功能，其中有 4 个时钟继电器，分别为：M8011（10ms）、M8012（100ms）、M8013（1s）M8014（60s），时钟继电器在 PLC 运行时，自动地发出相应的脉冲，用户可以利用其触点控制外部的报警装置。

时钟继电器的应用见图 17-1。

程序说明　当有外部报警信号输入时 X0 闭合，此时，时钟继电器 M8012 发出脉冲宽度为 0.1s 的时钟脉冲驱动 Y0 闪烁报警，而且，蜂鸣器 Y1 经 X0、M0 接通后发出声音报警。当维护人员去处理故障时，可按下蜂鸣器停止按钮（X2），此时，蜂鸣器停响，但报警显示由闪烁变为常亮，表示已经有人去处理故障了，只有在处理故障完毕

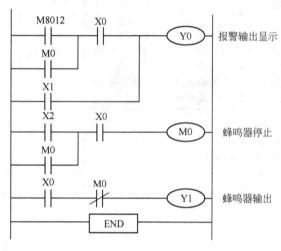

图 17-1　时钟继电器的应用

以后，报警信号（X0）复位，Y0 方可复位。为了检查外部报警线路是否正常，设置有检查按钮（X1），当按下检查按钮时，Y0 接通，指示灯亮，从而确定外部线路完好。

（二）交替输出指令

交替指令是一个方便指令，指令格式如图 17-2（a）所示，时序图 17-2（b）所示：

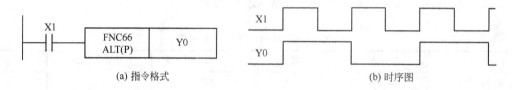

图 17-2　交替指令说明

在图 17-2 中，ALT 指令起到一个二分频的作用，若将其变化一下，可变成一个闪烁电路。如图 17-3 所示。

在图 17-3 中，采用 T1 和 ALT 指令的配合，Y0 将会得到一系列脉冲输出，从而驱动报警灯等输出。

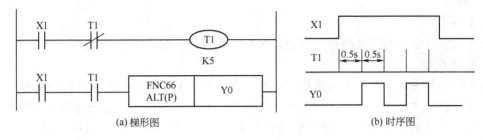

图 17-3 闪烁电路

（三）振荡电路

图 17-4 为一个振荡电路，当输入 X1 接通时，利用两个定时器的配合，让 Y0 交替通断，通断时间可以由定时器 T1 和 T2 设定。

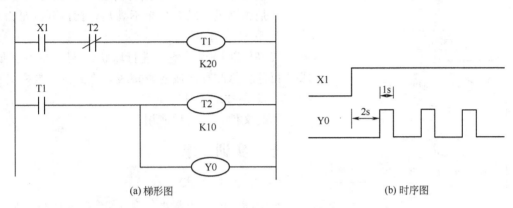

图 17-4 振荡电路

六、PLC 自动控制系统设计的原则及一般步骤

（一）设计可编程控制器（PLC）自动控制系统的基本原则

任何一种电气控制系统都是为了实现被控对象（生产设备或生产过程）的工艺要求，以提高生产效率和产品质量。在设计控制系统时，应该遵循以下基本原则。

① 最大限度满足被控对象的控制要求。
② 在满足控制要求的前提下，力求使控制系统简单、经济、使用及维修方便。
③ 保证控制系统的安全、可靠。
④ 考虑到生产的发展和工艺的改进，在选择 PLC 容量时，应保留有裕量。

（二）依据改造的一般步骤确定控制对象和控制范围

1. 深入现场

深入生产现场，向现场工作人员或工艺设计人员了解被控制对象的工作特点和生产工艺流程，收集资料，并与机械部分的设计人员和实际操作人员密切配合，共同拟订电气控制方案，明确控制任务、设计要求以及各项注意事项。

2. PLC 的选型

通过对生产工艺过程的研究，确定各种控制信号性质及它们之间的相互关系，并确定哪些信号需要输入 PLC 或由 PLC 输出。根据各输入和输出型号的数量和性质，选择合适的

PLC 型号和硬件。

3. I/O 分配

根据输入、输入的情况进行 I/O 点的分配，确定每一个 I/O 点的用途

4. 程序设计

这是关键的一步，也是比较困难的一步，除了要十分熟悉控制要求，同时还要有一定的电气工作经验。对于较复杂的控制系统，需设计系统流程图，可以清楚地表明动作的顺序和条件。对于简单的控制系统，用经验法设计即可。（程序可以是 LAD、STL、LBD 中任一种）

5. 进行硬接线

在进行 PLC 设计的同时，可以进行控制台（柜）的设计和现场施工。

6. 模拟调试和修改

对编写好的程序，不接外部接线，先进行模拟调试，看是否满足要求，如果不满足，调试到满足为止。

7. 联机统调

接好外部控制设备，进行联机统调。如不满足要求，再回去修改程序或检查接线，直到满足要求为止。

8. 编制技术文件

编制文件，并交付使用。

七、实训要求

（一）控制要求

水塔高 50m，正常水位变化 3m，水塔距离泵房较远。泵房内有 30kW，AC380V 泵用绕线式异步电动机 3 台，在正常情况下有 2 台处于工作状态而 1 台备用，采用自耦变压器降压启动。为了避免备用电机长期不用而产生锈蚀等问题，工作人员可以根据实际情况而任意设定备用电机。当下限位触点闭合时，机组可投入运行。除了备用机组外，其余 2 台电机都要按顺序逐台启动运行，并错开 3s 的启动时间，以便减小启动电流对电网电压的影响。在运行时，为了掌握运行情况，必须有和每台电机运行状态相对应的指示信号。当水泵正在运行时，如果由于故障使某台机组停车，或电机不能停止，此时发生故障的机组通过 PLC 发出报警信号，提醒维护人员及时处理故障。当水塔水位达到上限值时，由液位上限触点发出停机信号，上限液位指示灯亮，5s 后自动停机。当水塔水位达到下限时，应有报警信号，当水塔水位到达某个位置时，报警信号消除，以便检测水泵是否工作正常。

（二）方法及步骤

1. 根据控制要求画出流程图（见图 17-5）

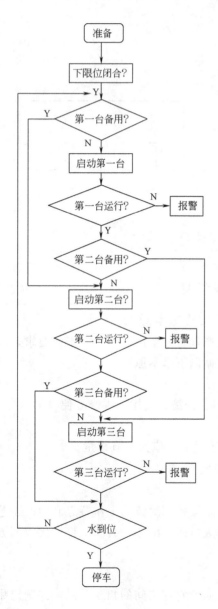

图 17-5　流程图

2. 列出 I/O 分配表和 I/O 接线图

① I/O 分配表见表 17-2。

表 17-2 I/O 分配表

输入信号			输出信号		
名称	代号	输入编号	名称	代号	输出编号
下限水位		X00	1#降压启动		Y00
1#备用		X01	1#运行		Y01
2#备用		X02	2#降压启动		Y02
3#备用		X03	2#运行		Y03
上限水位		X04	3#降压启动		Y04
1#运转检测		X05	3#运行		Y05
2#运转检测		X06	1#故障指示		Y06
3#运转检测		X07	2#故障指示		Y07
1#热保护		X10	3#故障指示		Y10
2#热保护		X11	下限位水位显示		Y11
3#热保护		X12	1#运行指示		Y12
停止		X13	2#运行指示		Y13
启动		X14	3#运行指示		Y14
报警试验		X15			

② 部分主电路及 I/O 接线图见图 17-6。

3. 梯形图（见图 17-7）

程序说明

(1) 备用机组的指定　在这里，灵活使用 PLS 和 SET 指令，解决了备用机组选定的问题，使备用机组的选定像琴键开关一样灵活可靠。在程序中，X1、X2、X3 分别接到外部的备用选择按钮，当按下它们中的任何一个，所对应的机组就可作为备用机组。如：按下 X1，M0 被置位，M0 常开触点闭合，M1 闭合一个扫描周期，同时，M1 常开触点立即复位 M2 和 M4，2# 和 3# 机组启动回路因解禁可以启动。而 1# 机组的启动回路被封锁，处于备用状态。

(2) 顺序启动　读者可自行分析。

(3) 故障诊断　在系统中，为了监控设备的运行情况，及时发现故障点，缩短修复时间，提高设备运行效率，所以有必要对 PLC 外部控制线路和 I/O 接线系统进行监控，并发出相应的信号，提请工作人员的注意。

以输出回路的检测为例，在实际工作中，PLC 以及程序均正常，但因为外部线路以及元件的故障，会造成设备工作不正常。所以，把关键元件的状态送回输入回路，利用逻辑关系，借助指令编写合适的程序，将判断结果送到报警回路或切除故障。

如图 17-8 所示，可监控 2# 机组是否正常运行，第一行表示 PLC 已经输出全压启动信号了，但因线路原因，KM4 没有闭合，则 M42 得电，Y7（2# 故障显示）闪烁报警。第二行表示 PLC 已经给出停机信号，但是由于 KM4 触点熔焊等原因而不能停机，Y7（2# 故障显示）闪烁报警。在实际工作中，可分别对这两种情况进行显示报警。

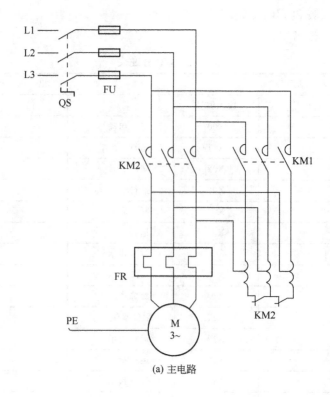

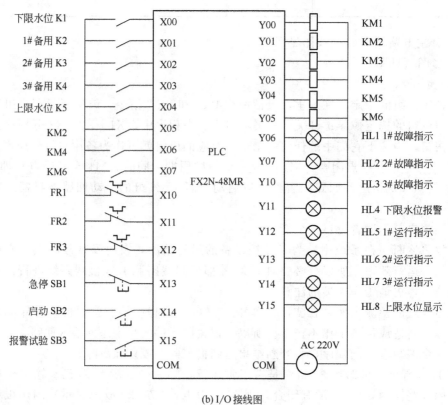

图 17-6 主电路及 I/O 接线图

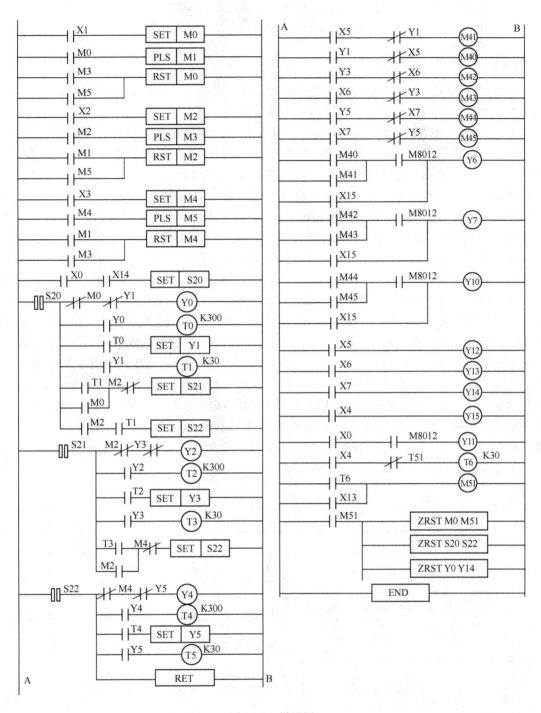

图 17-7 梯形图

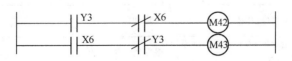

图 17-8 监控电路

其他故障检测和显示电路，读者可根据实际情况进行编程。

(4) 报警电路　见时间继电器程序说明。

八、思考及训练题

在第六项的实训中，项目的要求还不完善，尚不能应用于实际，请读者结合所学知识，完成如下项目，作为检测学习本课程的一个总结。

控制要求：水塔高 50m，正常水位变化 3m，水塔距离泵房较远。泵房内有 30kW，AC380V 泵用绕线式异步电动机 5 台，在正常情况下有 4 台处于工作状态而 1 台备用，采用自耦变压器降压启动。为了避免备用电机长期不用而产生锈蚀等问题，工作人员可以根据实际情况而任意设定备用电机。每台电动机设有手动和自动两种控制状态。选择手动状态时，可以在近地或远地根据实际情况实施控制，在自动状态时，不论选哪台电动机作为备用，其余 4 台电机都要按顺序逐台启动，并错开 3s 的启动时间，以便减小启动电流对电网电压的影响。

在运行时，为了掌握运行情况，必须有和每台电机运行状态相对应的指示信号。当水泵正在运行时，如果由于故障使某台机组停车，或电机不能停止，此时发生故障的机组通过 PLC 发出报警信号，提醒维护人员及时处理故障。当水塔水位达到上限值时，由液位上限触点发出停机信号，上限液位指示灯亮，5s 后自动停机。当水塔水位达到下限时，应有报警信号，机组自动投入运行。当水塔水位到达某个位置时，报警信号消除，以便检测水泵是否工作正常。若状态选择开关 K 置于手动位置，采用近地控制或远地控制均可启动机组。当 K 置于自动位置时，则在 PLC 控制下，除了备用机组外，其余 4 台机组逐台启动运行。当水泵正在运行时，如果由于故障使某台机组停车，而水塔水位又未达到预定要求时，备用机组将自动启动，保证有 4 台机组同时工作，此时，发生故障的机组通过 PLC 发出报警信号，提醒维护人员及时排除故障。当水塔水位达到上限值时，由液位上限触点发出停机信号，5s 后自动停机。

其余要求，读者可根据实际情况进行增加。

九、检测标准

序号	主要内容	考核要求	评分标准	配分	扣分	得分
1	程序设计	根据任务，列出 PLC 控制 I/O 口(输入/输出)地址分配表，根据控制要求，设计梯形图及 PLC 控制 I/O 口(输入/输出)接线图，根据梯形图，列出指令表	① 输入输出地址遗漏或搞错，每处扣 1 分 ② 梯形图表达不正确或画法不规范，每处扣 2 分 ③ 接线图表达不正确或画法不规范，每处扣 2 分 ④ 指令有错，每条扣 2 分	40		
2	程序输入及调试	熟练操作，能正确地将所编程序输入 PLC；按照被控设备的动作要求进行模拟调试，达到设计要求	① 不会熟练操作计算机输入指令扣 2 分 ② 不会用删除、插入、修改等命令，每项扣 2 分 ③ 一次仿真不成功扣 8 分；二次仿真不成功扣 15 分；三次仿真不成功扣 20 分	40		
3	团体合作精神	小组分工协作、积极参与	教师掌握	10		
4	安全文明生产	正确使用设备，遵守安全用电原则，无违纪行为	根据实际情况，扣 1~10 分	10		
合计						

项目 18 PLC 的接线与维护维修

一、能力目标

1. 提高使用 PLC 解决生产实际问题的能力。
2. 熟练掌握 PLC 实际控制系统的接线及抗干扰措施。
3. 初步掌握 PLC 的维护、维修。

二、使用材料、工具、设备（见表 18-1）

表 18-1 材料、工具、设备表

名　称	型号或规格	数量	名称	型号或规格	数量
可编程控制器	FX_{2N}-48MR	1 台	连接导线		若干
计算机	自行配置	1 台	电工工具		1 套
PLC 控制系统	根据实际情况自定	1 套			

三、项目要求

学会在实际工作中，PLC 的实际接线以及抗干扰措施，并能对简单的故障进行维修，对 PLC 能做日常维护。

四、学习形式

以小组为单位，采用项目法，培养学生的自学能力和组织协调能力。

五、原理说明

（一）PLC 的接线及抗干扰措施

PLC 要能长期稳定地工作，除必须保证系统设计的合理和可靠性外，还必须做好系统的日常维护和定期检修工作。

1. PLC 接线

（1）电源连接　PLC 的供电电源大都为单相交流电源，如图 18-1 所示。L 表示火线、N 表示零线。同时，交流供电的 PLC 还提供辅助直流电源，供输入设备和部分扩展单元。FX_{2N} 系列 PLC 的辅助电源容量为 250~460mA。在容量不够的情况下，需单独提供直流电源。

PLC 的供电线路在实际安装时一定要与大功率用电设备或者能产生强干扰的设备分开。具体方法就是采用隔离变压器将外部设备和 PLC 分开。从而减少外部干扰对 PLC 的影响。另外，PLC 的交流电源应单独从机顶进入控制柜，不能与其他直流信号线、模拟信号线捆绑在一起走线，以减少对其他控制线路的影响。

（2）接地线　PLC 在使用时必须保证良好的接地，这样可以避免偶然发生的电压冲击对 PLC 内部电路造成损

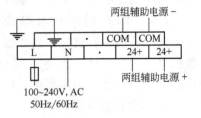

图 18-1 交流供电

害。为了减少干扰，接地线必须专线专用，不能与其他动力设备的接地线串联使用，更不能通过水管、避雷线接地。

（3）RUN 端子的接线　有的 PLC 带有 RUN 端。一般情况下，在 RUN 端与 COM 端之间接入一个切换开关。若切换开关置"RUN"，则 PLC 进入运行状态，执行控制程序；若置"STOP"，则 PLC 停止运行。

（4）紧急停止线路　PLC 在工程控制应用中，一般都应设有紧急停止线路，以提高系统的安全性。紧急停止线路在设计时应不受 PLC 的控制。如图 18-2 所示。

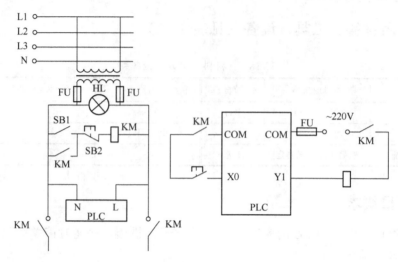

图 18-2　紧急停止线路

当按下紧急停止按钮 SB2 后，KM 线圈失电，KM 主触点断开，使 PLC 的输入点和输出点断开，此时，PLC 的所有输入和输出都被禁止，但 PLC 的 CPU 仍接通电源在工作。

2. PLC 的抗干扰措施

PLC 是专为工业环境设计的装置，一般可以直接使用，但为了提高 PLC 工作的稳定性和可靠性，一般仍需采取抗干扰措施。

（1）电源回路的抗干扰措施　电源回路主要采用隔离变压器以及正确的接地线来克服干扰。

（2）输入输出接口的安全保护　当输入输出口连接电感类设备时，为了防止电路关断时刻产生高压对输入、输出口造成破坏，应在感性元件两端加保护元件。对于直流电源，应并接续流二极管，对于交流电路应并接阻容电路。阻容电路中，$R_C=51\sim120\Omega$，$C=0.1\sim0.47\mu F$，电容的额定电压应大于电源的峰值电压。续流二极管可采用 1A 的管子。其额定电压应大于电源电压的 3 倍。如图 18-3 所示。

（二）PLC 的维护与维修

PLC 在设计时已经采取了很多保护措施，它的稳定性、可靠性、适应性都比较强。一般情况下，只要对 PLC 进行简单的维护和检查，就可以保证 PLC 控制系统长期稳定地工作。PLC 的日常维护主要包括以下几个方面。

1. 日常清洁与巡查

经常用干抹布或软毛刷为 PLC 的表面及连接线除尘除污，以保持 PLC 工作环境的干净

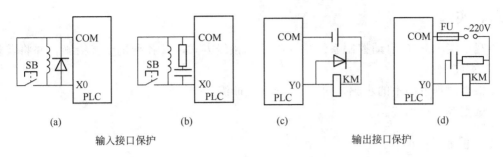

(a) (b) 输入接口保护　　　(c) (d) 输出接口保护

图 18-3　输入输出接口的安全保护

卫生；在巡视检查的过程中，应注意观察 PLC 的工作状况、自诊断指示灯、编程器的监控信息以及控制系统的运行情况，并作好记录。发现问题及时处理。

2．定期检查与维护

在日常检查和维护的基础上，每隔半年应对 PLC 作一次全面停机检查。检查的主要项目包括：工作环境、电源电压、安装条件、备份电池、输入输出端子的工作电压等。具体检查内容及要求如下。

① 工作环境　重点检查温度、湿度、振动、粉尘干扰是否符合标准工作环境。

② 安装条件　重点检查接线是否安全、可靠；螺丝、连线、接插头是否有松动；电气、机械部件是否有腐蚀或损坏。

③ 电源电压　重点检查电压大小、电压稳定度是否在规定的范围内。

④ I/O 电源电压　重点检查输入输出端子上的电压是否符合规定标准。

⑤ 备份电池（锂电池）　重点检查备份电池是否定期更换。备份电池电压过低时，BATT LED 指示灯亮，应在一个周内更换电池。

3．编程器的使用

PLC 在工作过程中，经常要用到编程器。一方面用它来清除、输入、读出、修改、插入、删除、检查 RAM 中的程序；另一方面用它来改变定时器或计数器的设定值。因此一定要熟练掌握编程器的使用方法。

4．写入器的使用

调试好的用户程序要长期保存，必须使用 EPROM 写入器将其固化在用户的 EPROM 中。写入器的功能是：能将 PLC 基本单元中的程序，传送到 EPROM 中固化；能将固化在 EPROM 中的程序传送到 PLC 基本单元的 RAM 中；能将 RAM 和 EPROM 中的程序进行比较；能检查 EPROM 中的程序是否存在。同一系列的 PLC，其使用方法大致相同。

5．备份电池的更换

步骤如下。

① 准备好一个新的锂电池。

② 先给机器通电一段时间（约 20s），让存储器的备用电源的电容器充电，以保证断电后该电容器对 RAM 作短暂供电。

③ 断开 PLC 机器的交流电源。

④ 打开基本单元的电池盖板。

⑤ 从支架上取下旧电池，快速换上新电池，最好不要超过 3min。

⑥ 盖上电池盖板。

六、实训

① 观察实际 PLC 自动控制系统中，PLC 的接线方式以及各种抗干扰措施，并将其标注出来，做好记录。

② 根据原理说明中的步骤，对 PLC 做维护训练。

③ 做更换电池训练。

七、检测标准

序号	考核内容	考核要求	评分标准	配 分	扣 分	得 分
1	认真听讲	不迟到早退认真听讲	笔记	10分		
2	善于思考	善于提出问题	能回答老师提出的问题	10分		
3	动手	能积极动手操作	接线正确，观察细致	10分		
4	按报告要求完成正确	整理实训操作结果，按标准写出实训报告	报告内容40分，结果正确10分	50分		
5	安全文明生产	正确使用设备和工具，无操作事故	教师掌握	10分		
6	团队合作精神	小组成员分工协作、积极参与	教师掌握	10分		
7	实际总得分			教师签字		

附 录

附录 A FX$_{2N}$系列 PLC 特殊功能元件功能表

PLC 状态（M）

地址号	名称	动作 功能	FX$_{0S}$	FX$_{0N}$	FX$_{2N}$	
M8000	运行监视 a 接点（常开接点）	当 PLC RUN 时动作	○	○	○	
M8001	运行监视 b 接点（常闭接点）	当 PLC RUN 时动作	○	○	○	
M8002	原始脉冲 a 接点（常开接点）	当 PLC RUN 时动作一个扫描周期	○	○	○	
M8003	原始脉冲 b 接点（常闭接点）	当 PLC RUN 时动作一个扫描周期	○	○	○	
M8004	错误发生	M8064～M8067 中的任何一个为 ON 时运作（M8062 除外）	○	○	○	→D8004
M8005	电池电压降低	电池电压异常降低时工作			○	→D8005
M8006	电池电压降门闩电路	电池电压异常降低时保持工作			○	→D8006
M8007	瞬停检测①	M8007 即使工作,若 D8008 时间以内继续运行			○	→D8007
M8008	停电检测①	M8008 ON→OFF 时 M8000 为 OFF			○	→D8008
M8009	DC24V 停机	扩展单元或扩展模块均在 DC24 关断时动作		○	○	→D8009

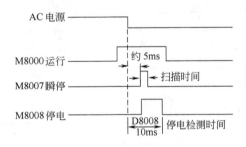

① 可编程控制器的电源为 AC200V 时,可以利用顺控程序更改 D8008 的内容,在 10～100ms 范围内对停电检测时间进行调整。停电检测时间（D8008）的变更。

注：表中带"○"者表示具备该项功能,余同。

PLC 状态（D）

地址号	名称	寄存器的内容	FX$_{0S}$	FX$_{0N}$	FX$_{2N}$
D8000	监视定时器	初始值为右记（1ms 单位）(电源 ON 时,由系统 ROM 传送）根据程序时改写在 END、WDT 指令执行后有效	200ms	200ms	200ms
D8001	PLC 类型及系统版本	[24 100] BCD 变换值 └FX$_{2N}$┘版本 V1.00	○	○	○
D8002	存储容量②	0002…2K 步 0004…4K 步 0008…8K 步	○	○	○
D8003	存储种类	除 RAM/EPROM 内装/外接之外,还存入存储保护开关的 ON/OFF 状态	○	○	○

续表

地址号 名称	寄存器的内容	FX$_{0S}$	FX$_{0N}$	FX$_{2N}$
M8004← D8004 错误号码	[8060] BCD 变换值 8060~8068(M8004 ON 时)	○	○	○
M8005← D8005 电池电压	[00036] BCD 变换值(0.1V 单位) 电池电压的当前值(例:3.6V)			○
M8006← D8006 电池电压降低检测电平	3.0V(0.1V 单位)(电源 ON 时由系统 ROM 传送)			○
M8007← D8007 瞬停检测	M8007 的动作次数被存入。电源断时被清除			○
M8008← D8008 停电检测时间①	初期值 10ms(电源 ON 时由系统 ROM 传送)			○
M8009← D8009 DC24V 单元号码	DC24V 关断时的基本单元,扩展单元中的最小输入元件号			○

① 停电检测时间 (D8008) 的变更。
② 存储器种类 (D8003) 的内容
00H=选配件 RAM 存储器
01H=选配件 EPROM 存储器
02H=选配件 EEPROM 存储器,FX$_{ON}$-EEPROM-8L(程序保护功能 OFF)
0AH=选配件 EEPROM 存储器,FX$_{ON}$-EEPROM-8L(程序保护功能 ON)
10H=可编程控制器内置 RAM

时钟 (M)

地址号 名称	动作 功能	FX$_{0S}$	FX$_{0N}$	FX$_{2N}$
M8010				
M8011 10ms 时钟	10ms 周期振荡	○	○	○
M8012 100ms 时钟	100ms 周期振荡	○	○	○
M8013 1s 时钟	1s 周期振荡	○	○	○
M8014 1min 时钟	1min 周期振荡	○	○	○
M8015 内装实时时钟	计时停止及预置			○
M8016 内装实时时钟	时间读出显示停止			○
M8017 内装实时时钟	±30s 修正			○
M8018 内装实时时钟	安装检测(通常 ON)			○
M8019 内装实时时钟	实时时钟(RTC)错误			○

时钟 (D)

地址号 名称	动作 功能	FX$_{0S}$	FX$_{0N}$	FX$_{2N}$
D8010 扫描当前值	0 步的累计指令执行时间(0.1ms)			
D8011 最小扫描时间	扫描时间的最小值(0.1ms 单位)	○显示值中也会有 M8039 驱动时的恒定扫描运转的等待时间		
D8012 最大扫描时间	扫描时间的最大值(0.1ms 单位)			
D8013 秒	0~59 秒(内装实时时钟用)			○
D8014 分	0~59 分(内装实时时钟用)			○
D8015 时	0~23 时(内装实时时钟用)			○
D8016 日	1~31 日(内装实时时钟用)			○
D8017 月	1~12 月(内装实时时钟用)			○
D8018 年	公历 4 位(1980~2079)(内装实时时钟用)			○
D8019 周	0(周日)~6(周六)(内装实时时钟用)			○

注:D8013~D8019 的时刻数据停电保持。D8018(年)可转换为 0~99 公历二位方式。

标志（M）

地址号	名称	动作 功能	FX$_{0S}$	FX$_{0N}$	FX$_{2N}$
M8020	零	加减运算结果为 0 时	○	○	○
M8021	借位	减法结果为负的最大值以下时	○	○	○
M8022	进位	加算结果发生进位时,换位结果溢出时	○	○	○
M8023					
M8024		BMOV 方向指定(FNC 15)			○
M8025		HSC 模式(FNC 53~55)			○
M8026		RAMP 模式(FNC 67)			○
M8027		PR 模式(FNC 77)			○
M8028		FROM/TO(FNC 78,79)指令执行过程中中断许可	○	○	○
M8029	命令执行完成	DSW(FNC72)等动作完了时动作	○	○	○

标志（D）

地址号	名称	寄存器内容	FX$_{0S}$	FX$_{0N}$	FX$_{2N}$
D8020	输入滤波调整	X000~X017 的输入滤波值 0~60(初级值 10ms)			○
D8021					
D8022					
D8023					
D8024					
D8025					
D8026					
D8027					
D8028		Z0(Z)寄存器的内容①	○	○	○
D8029	命令执行完了	V0(V)寄存器的内容①	○	○	○

① Z1~Z7，V1~V7 的内容可存入 D8182~D8195 中。

PC 模式（M）

地址号	名称	动作 功能	FX$_{0S}$	FX$_{0N}$	FX$_{2N}$
M8030	电池灭灯指令①	驱动 M8030 时,即使电池电压降低,PC 面板的 LED 也不亮		○	
M8031	非保持存储器清除①	驱动此时 M 时,Y、M、S、T、C 的 ON/OFF 映像存储器与 T、C、D 的现在值清零 特 D,文件寄存器不清除	○	○	○
M8032	保持存储全清除①		○	○	○
M8033	停止时存储保持	RUN→STOP 时,映像存储与数据存储的内容原封不动保持	○	○	○
M8034	输出禁止①	PC 的外部输出接点皆为 OFF	○	○	○
M8035	强制 RUN 模式②		○	○	○
M8036	强制 RUN 指令②		○	○	○
M8037	强制 STOP 指令②		○	○	○
M8038					
M8039	恒定扫描模式	M8039 置于 ON 时,PC 以 D8039 指定的扫描时间,进行循环运算	○	○	→D8039

① 执行 END 指令时处理。
② RUN→STOP 时清除。

PC 模式（D）

地址号	名称	动作 功能	FX₀S	FX₀N	FX₂N
D8030					
D8031					
D8032					
D8033					
D8034					
D8035					
D8036					
D8037					
D8038					
M8039← D8039	恒定扫描时间	初始值 0ms（1ms 单位）（电源 ON 时由系统 ROM 传送）通过程序可以改写	○	○	○

步进阶梯（M）

地址号	名称	动作 功能	FX₀S	FX₀N	FX₂N
M8040	转移禁止	M8040 驱动时状态间的转移被禁止	○	○	○
M8041	转移开始②	自动运转时,可以从起始状态转移	○	○	○
M8042	启动脉冲②	启动输入时的脉冲输出	○	○	○
M8043	复原完了②	在原点恢复模式的结束状态动作	○	○	○
M8044	原点条件②	在机械原点检测时动作	○	○	○
M8045	输出复位禁止	在模式转移时输出复位禁止	○	○	○
M8046	STL 状态动作①	M8047 动作时,S0～S899 的任何一个为 ON 时动作	○	○	←M8047
M8047	STL 监视有效①	驱动特 M 时 D8040～D8047 有效	○	○	→D8040～D8047
M8048	信号报警器动作①	M8049 工作时 S900～S999 中的任何一个位于 ON 时动作			○
M8049	信号报警器有效①	驱动特 M 时 D8049 工作有效		○	→D8049 M8048

① 执行 END 指令时处理。
② RUN→STOP 时清除。

步进阶梯（D）

	地址号	名称	动作 功能	FX₀S	FX₀N	FX₂N
M8047→	D8040①	ON 状态地址号 1	在状态 S0～S899 中,将工作中的状态最小地址号存入 D8040,把下一个 ON 状态地址号存入 D8041 到以下顺序 8 点,最大的状态地址号被存入 D8047			○
M8047→	D8041①	ON 状态地址号 2				○
M8047→	D8042①	ON 状态地址号 3				○
M8047→	D8043①	ON 状态地址号 4				○
M8047→	D8044①	ON 状态地址号 5				○
M8047→	D8045①	ON 状态地址号 6				○
M8047→	D8046①	ON 状态地址号 7				○
M8047→	D8047①	ON 状态地址号 8				○
	D8048					
M8049→	D8049①	状态最小地址号	信号器继电器 S900～S999 的 ON 状态最小地址被存入			○

① 执行 END 指令时处理。

出错检测（M）

地址号	名称		可编程控制器	FX₀S	FX₀N	FX₂N	
M8060	I/O 构成出错	OFF	RUN			○	→D8060
M8061	PC 硬件出错	闪烁	STOP	○	○	○	→D8061
M8062	PC/PP 通信出错	OFF	RUN			○	→D8062
M8063	串联线路出错① RS232 通信出错	OFF	RUN			○	→D8063
M8064	参数出错	闪烁	STOP	○	○	○	→D8064
M8065	语法出错	闪烁	STOP	○	○	○	→D8065 D8069
M8066	电路出错	闪烁	STOP	○	○	○	→D8066 D8069
M8067	运算出错①	OFF		○	○	○	→D8067 D8069
M8068	运算出错锁存	OFF	RUN	○	○	○	→D8068
M8069	I/O 母线出错	—	—			○	
M8109	输出刷新出错	OFF	RUN			○	→M8019

① 可编程控制器在 STOP→RUN 时清除。M8068，D8068 不清除，请注意。
注：M8060～M8067 中的任何一个为 ON 时，其小的号码存入 D8004，M8004 工作。

出错检测（D）

	地址号	数据寄存器内容	FX₀S	FX₀N	FX₂N
M8060←	D8060	I/O 构成出错的非安装 I/O 起始地址号②			○
M8061←	D8061	PC 硬件出错的出错码地址号	○	○	○
M8062←	D8062	PC/PP 通信出错的出错码地址号			○
M8063←	D8063	串联线路出错的出错地址号 RS232 通信出错的出错地址号不变①			○
M8064←	D8064	参数出错的出错地址号	○	○	○
M8065←	D8065	语法出错的出错地址号	○	○	○
M8066←	D8066	电路出错的出错地址号	○	○	○
M8067←	D8067	运算出错的出错地址号①	○	○	○
M8068←	D8068	运算出错发生步地址号闪			○
M8065～←M8067	D8069	M8065～M8067 的出错发生步地址号①	○	○	○
M8049	D8109	输出刷新出错发生的 Y 地址号			○

① 可编程控制器在 STOP→RUN 时清除，M8068，D8068 不清除，请注意。
② 编入程序的 I/O 号码的单元与区组没有安装时，与 M8606 运作的同时，其起始元件写入 D8060。

并联线路功能（M）

地址号	名称	FX₀S	FX₀N	FX₂N
M8070	并联线路主站时驱动①			○
M8071	并联线路子站时驱动①			○
M8072	并联线路运转中 ON			○
M8073	并联线路 M8070/M8071 设定不对时为 ON			○

① STOP→RUN 时清除。

并联线路功能 (D)

地址号	数据寄存器的内容	FX$_{0S}$	FX$_{0N}$	FX$_{2N}$
D8070	并联线路出错判定时间 500ms			○
D8071				○
D8072				○
D8073				○

采样跟踪 (M)

地址号	名　称	FX$_{0S}$	FX$_{0N}$	FX$_{2N}$
M8074				○
M8075	采样跟踪准备开始指令			○
M8076	采样跟踪准备终了执行开始指令			○
M8077	采样跟踪执行中监视			○
M8078	采样跟踪执行完了监视			○
M8079	跟踪次数 512 次以上时 ON			○
M8080				
M8081				
M8082				
M8083				
M8084				
M8085				
M8086				
M8087				
M8088				
M8089				
M8090				
M8091				
M8092				
M8093				
M8094				
M8095				
M8096				
M8097				
M8098				

注：1. M8075 置于 ON 时，将按顺序抽样检测 D8080～D8098 指定的元件的 ON/OFF 状态与数据内容并将此存入可编程控制器内的特殊存储区域。

2. 采样数据超过 512 次时，新数据取代旧数据按顺序存入。

3. M8076 为 ON 时，实行 D8075 指定的采样此数的采样，并表示实行完毕。

4. 采样的周期根据 D8076 的内容决定。

采样跟踪（D）

地址号	数据存储器的内容	FX$_{0S}$	FX$_{0N}$	FX$_{2N}$
D8074	采样剩余次数			○
D8075	采样次数的设定（1～512）			○
D8076	采样周期①			○
D8077	触发电路指定②			○
D8078	触发电路条件元件号码设定③			○
D8079	采样数据指示器			○
D8080	位元件编号 No.0			○
D8081	位元件编号 No.1			○
D8082	位元件编号 No.2			○
D8083	位元件编号 No.3			○
D8084	位元件编号 No.4			○
D8085	位元件编号 No.5			○
D8086	位元件编号 No.6			○
D8087	位元件编号 No.7			○
D8088	位元件编号 No.8			○
D8089	位元件编号 No.9			○
D8090	位元件编号 No.10			○
D8091	位元件编号 No.11			○
D8092	位元件编号 No.12			○
D8093	位元件编号 No.13			○
D8094	位元件编号 No.14			○
D8095	位元件编号 No.15			○
D8096	字元件编号 No.0			○
D8097	字元件编号 No.1			○
D8098	字元件编号 No.2			○

① D8076 采样周期

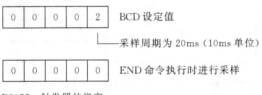

② D8077 触发器的指定

| ～ | b$_2$ | b$_1$ | b$_0$ | BCD 设定值 |

　　　　　　　　　采样周期为 20ms（10ms 单位）

b$_2$：0＝M8076 为 ON 时，无条件开始实行采样。

1＝M8076 为 ON 时，下列条件成立时，开始实行采样。

［条件］D8078 指定的软元件向上（b$_1$＝1）或向下（b$_2$＝1）

b$_1$：0＝非实行　1＝向上执行。与此同时 0 或 1 时无条件执行。

b$_0$：0＝非实行　1＝向下执行。

③ D8078 触发器条件软元件地址号（时序图如例）

由外围设备指定 X、Y、M、S、T、C 等的软元件地址号。

监测此数据寄存器的内容时变成特殊号码。

D8075＝10 次取样；D8076＝20ms 周期；D8077＝上升指定；D8078＝Y010 指定。

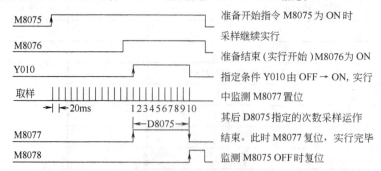

注：采样跟踪在使用 A6GPP、A6PHP、A7PHP 及个人微机时有效，监视元件地址时为特殊数值。

高速环形计数器（M）

地址号	名称	FX$_{0S}$	FX$_{0N}$	FX$_{2N}$
M8099	高速环形计数器动作①			○

① 当 M8099 动作时，执行 END 指令后，高速环形计数器动作。

高速环形计数器（D）

地址号	数据存储器的内容	FX$_{0S}$	FX$_{0N}$	FX$_{2N}$
D8099	0～32797（0.1ms 单位）的上升动作环形计数器①			○

① 当 M8099 动作时，执行 END 指令后，高速环形计数器动作。

存储容量（D）

地址号	数据存储器的内容	FX$_{0S}$	FX$_{0N}$	FX$_{2N}$
D8102	0002…2K 步； 0004…4K 步； 0008…8K 步； 0016…16K 步；			○

特殊功能用（M）

地址号	名称	FX$_{0S}$	FX$_{0N}$	FX$_{2N}$	
M8120				○	
M8121	RS232C 传送待机中①			○	
M8122	RS232C 传送标识①			○	→D8122
M8123	RS232C 接收完毕标识①			○	→D8123
M8124	RS232C 载体接收中			○	
M8125				○	
M8126	全局信号			○	
M8127	接通需求手动信号			○	
M8128	接通需求出错标识			○	
M8129	接通需求字/字节转换			○	

① STOP→RUN 时清除。

特殊功能用（D）

	地址号	名　称	FX$_{0S}$	FX$_{0N}$	FX$_{2N}$
	D8120	通信形式②			○
	D8121	局号设定②			○
M8122←	D8122	RS232C 发送数据余数①			○
M8123←	D8123	RS232C 接收数据数①			○
	D8124	标题(8位)初始值 STX			○
	D8125	结束符(8位)初始值 ETX			○
	D8126				○
	D8127	接通需求用起始号码制定			○
	D8128	接通需求数据数制定			○
	D8129	超时判定时间②			○

① STOP→RUN 时清除。
② 停电保持。

高速表（M）

地址号	名　称	FX$_{0S}$	FX$_{0N}$	FX$_{2N}$	
M8130	FNC55(HSZ)命令平台比较模式			○	→D8130
M8131	同上执行完了标志			○	
M8132	FNC55(HSZ),FNC57(PLSY)速度模型模式			○	→D8131
M8133	同上执行完了标志			○	D8132
M8134					D8134
M8135					
M8136					
M8137					
M8138					
M8139					

高速表（D）

	地址号	功　能		FX$_{0S}$	FX$_{0N}$	FX$_{2N}$
M8130←	D8130	高速比较表计数器 HSZ				○
M8132←	D8131	速度表变化型计数器 HSZ,PLSY				○
M8132←	D8132	速度变化型频率	低位			○
	D8133	FNC55(HSZ),FNC57(PLSY)	高位			
M8132←	D8134	速度变化型目标脉冲	低位			○
	D8135	FNC55(HSZ),FNC57(PLSY)	高位			
	D8136	输出脉冲数	低位			○
	D8137	FNC57(PLSY),FNC59(PLSY)	高位			
	D8138					○
	D8139					○
	D8140	FNC57(PLSY),FNC59(PLSY)	低位			○
	D8141	向 Y000 输出脉冲数	高位			
	D8142	FNC57(PLSY),FNC59(PLSY)	低位			○
	D8143	向 Y000 输出脉冲数	高位			
	D8144					○

续表

地址号	功 能	FX$_{0S}$	FX$_{0N}$	FX$_{2N}$
D8145				○
D8146				○
D8147				○
D8148				○
D8149				○

脉冲捕捉（M）

地址号	功 能	FX$_{0S}$	FX$_{0N}$	FX$_{2N}$
M8170	输入 X000 脉冲捕捉①			○
M8171	输入 X000 脉冲捕捉①			○
M8172	输入 X000 脉冲捕捉①			○
M8173	输入 X000 脉冲捕捉①			○
M8174	输入 X000 脉冲捕捉①			○
M8175	输入 X000 脉冲捕捉①			○
M8176				○
M8177				○
M8178				○
M8179				○

① STOP→RUN 时清除。

变址寄存器当前值（D）

地址号	功 能	FX$_{0S}$	FX$_{0N}$	FX$_{2N}$
D8028	Z0(Z)寄存器的内容			○
D8029	V0(V)寄存器的内容			○
D8180				○
D8181				○
D8182	Z1(Z)寄存器的内容			○
D8183	V1(V)寄存器的内容			○
D8184	Z2(Z)寄存器的内容			○
D8185	V2(V)寄存器的内容			○
D8186	Z3(Z)寄存器的内容			○
D8187	V3(V)寄存器的内容			○
D8188	Z4(Z)寄存器的内容			○
D8189	V4(V)寄存器的内容			○
D8190	Z5(Z)寄存器的内容			○
D8191	V5(V)寄存器的内容			○
D8192	Z6(Z)寄存器的内容			○
D8193	V6(V)寄存器的内容			○
D8194	Z7(Z)寄存器的内容			○
D8195	V7(V)寄存器的内容			○
D8196				○
D8197				○
D8198				○
D8199				○

可逆计数器（M）

地址号	对应计数器号码	功能	FX₀S	FX₀N	FX₂N
M8200	C200				○
M8201	C201				○
M8202	C202				○
M8203	C203				○
M8204	C204				○
M8205	C205				○
M8206	C206				○
M8207	C207				○
M8208	C208				○
M8209	C209				○
M8210	C210				○
M8211	C211				○
M8212	C212				○
M8213	C213				○
M8214	C214				○
M8215	C215	M8□□□动作时与此对应的C□□□为下降计数器模式 M8□□□非动作时计数器可逆动作			○
M8216	C216				○
M8217	C217				○
M8218	C218				○
M8219	C219				○
M8220	C220				○
M8221	C221				○
M8222	C222				○
M8223	C223				○
M8224	C224				FX₂N
M8225	C225				○
M8226	C226				○
M8227	C227				○
M8228	C228				○
M8229	C229				○
M8230	C230				○
M8231	C231				○
M8232	C232				○
M8233	C233				○
M8234	C234				○

高速计数器的计数方向与监视器（M）

区分	地址号	对应计数器号码	功能	FX$_{0S}$	FX$_{0N}$	FX$_{2N}$
单相单输入	M8235	C235	M8□□□动作时与此对应的C□□□为下降计数器模式 M8□□□非动作时计数器以上升计数器动作			○
	M8236	C236				○
	M8237	C237				○
	M8238	C238				○
	M8239	C239				○
	M8240	C240				○
	M8241	C241				○
	M8242	C242				○
	M8243	C243				○
	M8244	C244				○
	M8245	C245				○
双相单输入	M8246	C246	单相双输入计数器，双相双输入计数器的C□□□为下降计数器模式时与此对应的M□□□□为ON。上升模式时为OFF			○
	M8247	C247				○
	M8248	C248				○
	M8249	C249				○
	M8250	C250				○
双相双输入	M8251	C251				○
	M8252	C252				○
	M8253	C253				○
	M8254	C254				○
	M8255	C255				○

注：禁止使用未定义的（M）、（D）。

附录 B　错码一览表

可编程控制器的程序错误出现时，特殊数据寄存器 D8060～D8067 中存入的错码与其处置方法如下。

区分	错码	错误内容	处置方法
I/O构成错误 M8060(D8060) 运行继续	例1020	未安装I/O的起始单元号码，"1 020"时1=输入X（0=输出Y），020=单元号码	未安装的输入继电器，输出继电器的号码已被编入程序。虽然可编程控制器继续运转，但若是程序错误请修正
硬件出错 M8061(D8061) 运行停止	0000	无异常	请检查扩展电缆的连接是否正确 运算时间超过D8000的值，请检查程序
	6101	RAM错误	
	6102	运算回路出错	
	6103	I/O母线出错（M8069驱动时）	
	6104	扩展单元24V下降（M8069 ON时）	
	6105	监视计时器出错	

续表

区 分	错 码	错 误 内 容	处 置 方 法
PC/PP 通信出错 M8062(D8062) 运行继续	0000	无异常	请检查编程器(PP)或接在程序插座上的设备与可编程控制器的连接是否可靠
	6201	奇偶校验出错、溢出出错、成帧出错	
	6202	通信字符错误	
	6203	通信数据的和数不一致	
	6204	数据格式错误	
	6205	指令错误	
并联线路通信出错 M8063(D8063) 运行继续	0000	无异常	请检查双方的可编程控制器的电源是否ON,以及适配器与可编程控制器的连接、线路适配器的连接是否正确
	6301	奇偶校验出错、溢出出错、成帧出错	
	6302	通信字符错误	
	6303	通信数据的和数不一致	
	6304	数据格式错误	
	6305	指令错误	
	6306	监视计时超出	
	6307~6311	无	
	6312	并联线路字符错误	
	6313	并联线路和数错误	
	6314	并联线路格式错误	
参数出错 M8064(D8064) 运行停止	0000	无异常	请将可编程控制器置于STOP设定正确值
	6401	程序和数不一致	
	6402	存储容量设定错误	
	6403	保持区域设定错误	
	6404	注释区段设定错误	
	6405	滤波寄存器的区段设定错误	
	6409	其他设定错误	
语法出错 M8065(D8065) 运行停止	0000	无异常	程序作时,检查每次命令的使用方法是否正确,出现错误时请用程序模式修改命令
	6501	命令-软元件符号-地址号的组合错误	
	6502	设定值前没有 OUT T,OUT C	
	6503	① OUT T,OUT C 之后没有设定值 ② 应用命令操作数不足	
	6504	① 标号重复 ② 中断输入及高速计数器输入重复	
	6505	超出软元件地址范围	
	6506	使用未定义命令	
	6507	标号(P)定义错误	
	6508	中断输入(I)定义	
	6509	其他	
	6510	MC的插入号码大小方面错误	
	6511	中断输入与高速计数器输入重复	

续表

区分	错码	错误内容	处置方法
电路出错 M8066(D8066) 运行停止	0000	无异常	作为电路块的整体在命令组合错误时，以及成对的命令关系错误时产生这种不良现象。在程序模式中，请将命令的相互关系修改正确
	6601	LD，LDI 的连续使用次数在 9 次以上	
	6602	① 无 LD，LDI 命令。无线圈。LD、LDI 和 ANB、ORB 的关系不对 ② STL、RET、MCR、P（指针）、I（中断）、EI、DI、SRET、IRET、FOR、NEXT、FEND、END 没有和母线接上 ③ 忘记 MPP	
	6603	MPS 的连续使用次数在 12 次以上	
	6604	MPS 和 MRD，MPP 的关系不对	
	6605	① STL 的连续使用次数在 9 次以上 ② STL 内有 MC，MCR，I（中断），SRET ③ STL 外有 RET 或无 RET 指令	
	6606	① 无 P（指示器），I（中断） ② 无 SRET、IRET ③ 在主程序中有 I（中断），SRET，IRET ④ 在子程序与中断程序中有 STL，RET，MC，MCR	
	6607	① FOR 和 NEXT 关系不对。嵌套在 6 层以上 ② FOR～NEXT 间有 SRET，RET，MC，MCR，IRET，SRET，FEND，END	
	6608	① MC 与 MCR 的关系不对 ② 无 MCR NO ③ 间有 SRET，IRET，I（中断）	
	6609	其他	
	6610	LD、LDI 的连续使用次数在 9 次以上	
	6611	对于 LD、LDI 命令 ANB、ORB 命令数多	
	6612	对于 LD、LDI 命令 ANB、ORB 命令数少	
	6613	MPS 连续使用次数在 12 次以上	
	6614	忘记 MPS	
	6615	忘记 MPP	
	6616	MPS-MRD-MPP 间的线圈遗忘或关系不对	
	6617	应从母线开始的命令 STL，RET，MCR，P，I，DI，EI，FOR，NEXT，SRET，IRET，FEND，END 未连接母线	
	6618	只能用主程序使用的命令在主程序以外（中断、子程序）STL，MC，MCR	
	6619	在 FOR～NEXT 间有不能使用的命令 STL，RET，MC，MCR，IRET，I	
	6620	FOR～NEXT 嵌套超出	
	6621	FOR～NEXT 数的关系不对	
	6622	无 NEXT 命令	
	6623	无 MC 命令	
	6624	无 MCR 命令	

续表

区分	错码	错误内容	处置方法
电路出错 M8066(D8066) 运行停止	6625	STL 连续使用次数在 9 次以上	作为电路块的整体在命令组合错误时,以及成对的命令关系错误时产生这种不良现象。在程序模式中,请将命令的相互关系修改正确
	6626	在 STL-RET 间有不能使用的命令 MC,MCR,I,SRET,IRET	
	6627	无 RET 命令	
	6628	在主程序中有主程序不能使用的命令 I,SRET,IRET	
	6629	无 P,I	
	6630	无 SRET,IRET 命令	
	6631	有 SRET 不能使用的地方	
	6632	有 FEND 不能使用的地方	
运算出错 M8067(D8067) 运行继续	0000	无异常	
	6701	① 无 CJ,CALL 的转移地址 ② END 命令以后有标号 ③ FOR~NEXT 与子程序间有单独的标号	此为运算执行中发生的错误,请重新检查程序或应用命令操作数的内容。即使不发生语法,电路错误,但因以下理由也会发生运算错误。(例如)T200Z 本身虽然不是错误,但作为运算结果 Z=100 的话,就变成 T300,单元号码超出
	6702	CALL 的嵌套级在 6 次以上	
	6703	中断的嵌套级在 3 次以上	
	6704	FOR-NEXT 的嵌套在 6 以上	
	6705	应用命令的操作数在对应软元件以外	
	6706	应用命令的操作数的地址号码范围与数据值超出	
	6707	寄存器没有设定参数访问文件寄存器范围	
	6708	FROM/TO 命令错误	
	6709	其他(IRET,SRET 遗忘,FOR-NEXT 关系不正确等)	
	6730	采样时间(Ts)在对象范围外(Ts<0)	
	6732	输入滤波常数(α)在对象范围外(α<0 或 α≥100)	停止 PID 运算
	6733	比例增益(KP)在对象范围外(KP<0)	
	6734	积分时间(T1)在对象范围外(T1<0)	
	6735	微分增益(KD)在对象范围外(KD<0 或 α≥201)	
	6736	微分时间(TD)在对象范围外(TD<0)	
	6740	采样时间(TS)≤运算周期	控制参数的设定值与 PID 运算中出现错误。请检查参数内容
	6742	测定值变化量超出(ΔPV<−32768 或 32768<ΔPV)	
	6743	偏差超出(EV<−32768 或 32768<EV)	将运算数据作为 MAX 值继续运算
	6744	积分计算值超出(−32768~32768 以外)	
	6745	微分增益(KD)超出导致微分值超出	
	6746	微分计算值超出(−32768~32768 以外)	
	6747	PID 运算结果超出(−32768~32768 以外)	

附录C　FX₁S、FX₁N、FX₂N、FX₂NC的应用指令一览表

分类	指令编号	指令助记符	功能	F₁S	F₁N	FX₂N	FX₂NC
程序流程	00	CJ	条件跳转	√	√	√	√
	01	CALL	子程序调用	√	√	√	√
	02	SRET	子程序返回	√	√	√	√
	03	IRET	中断返回	√	√	√	√
	04	EI	中断许可	√	√	√	√
	05	DI	中断禁止	√	√	√	√
	06	FEND	主程序结束	√	√	√	√
	07	WDT	监控定时器	√	√	√	√
	08	FOR	循环范围开始	√	√	√	√
	09	NEXT	循环范围终了	√	√	√	√
传送与比较	10	CMP	比较	√	√	√	√
	11	ZCP	区域比较	√	√	√	√
	12	MOV	传送	√	√	√	√
	13	SMOV	移位传送	×	×	√	√
	14	CML	倒转传送	×	×	√	√
	15	BMOV	一并传送	√	√	√	√
	16	RMOV	多点传送	×	×	√	√
	17	XCH	交换	×	×	√	√
	18	BCD	BCD转换	√	√	√	√
	19	BIN	BIN转换	√	√	√	√
四则逻辑运算	20	ADD	BIN加法	√	√	√	√
	21	SUB	BIN减法	√	√	√	√
	22	MUL	BIN乘法	√	√	√	√
	23	DIV	BIN除法	√	√	√	√
	24	INC	BIN加1	√	√	√	√
	25	DEC	BIN减1	√	√	√	√
	26	WAND	逻辑字与	√	√	√	√
	27	WOR	逻辑字或	√	√	√	√
	28	WXOR	逻辑字异或	√	√	√	√
	29	NEG	求补码	×	×	√	√
循环移位	30	ROR	循环右移	×	×	√	√
	31	ROL	循环左移	×	×	√	√
	32	RCR	带进位循环右移	×	×	√	√
	33	RCL	带进位循环左移	×	×	√	√

续表

分类	指令编号	指令助记符	功　能	F_{1S}	F_{1N}	FX_{2N}	FX_{2NC}
循环移位	34	SFTR	位右移	√	√	√	√
	35	SFTL	位左移	√	√	√	√
	36	WSFR	字右移	×	×	√	√
	37	WSFL	字左移	×	×	√	√
	38	SFWR	位移写入	√	√	√	√
	39	SFRD	位移读出	√	√	√	√
数据处理	40	ZRST	批次复位	√	√	√	√
	41	DECO	译码	√	√	√	√
	42	ENCO	编码	√	√	√	√
	43	SUM	ON 位数	×	×	√	√
	44	BON	ON 位数判定	×	×	√	√
	45	MEAN	平均值	×	×	√	√
	46	ANS	信号报警置位	×	×	√	√
	47	ANR	信号报警置位	×	×	√	√
	48	SOR	BIN 开方	×	×	√	√
	49	FLT	BIN 整数→2 进制浮点数转换	×	×	√	√
高速处理	50	REF	输入输出刷新	√	√	√	√
	51	REFF	滤波器调整	×	×	√	√
	52	MTR	矩阵输入	√	√	√	√
	53	HSCS	比较置位(高速计数器)	√	√	√	√
	54	HSCR	比较置位(高速计数器)	√	√	√	√
	55	HSZ	区间比较(高速计数器)	×	×	√	√
	56	SPD	脉冲密度	√	√	√	√
	57	PLSY	脉冲输出	√	√	√	√
	58	PWM	脉冲调制	√	√	√	√
	59	PLSR	带加减速的脉冲输出	√	√	√	√
方便指令	60	IST	初始化状态	√	√	√	√
	61	SER	数据查找	×	×	√	√
	62	ABSD	凸轮控制(绝对方式)	√	√	√	√
	63	INCD	凸轮控制(增量方式)	√	√	√	√
	64	TTMR	示教定时器	×	×	√	√
	65	STMR	特殊定时器	×	×	√	√
	66	ALT	交替输出	√	√	√	√
	67	RAMP	斜坡信号	√	√	√	√
	68	ROTC	旋转工作台控制	×	×	√	√
	69	SORT	数据排列	×	×	√	√

续表

分类	指令编号	指令助记符	功　能	F₁S	F₁N	FX₂N	FX₂NC
外围设备 I/O	70	TKY	数字键输入	×	×	√	√
	71	HKY	16 键输入	×	×	√	√
	72	DSW	数字式开关	√	√	√	√
	73	SEGD	7 段译码	×	×	√	√
	74	SEGL	7 段码按时间分割显示	√	√	√	√
	75	ARWS	箭头开关	×	×	√	√
	76	ASC	ASCII 码变换	×	×	√	√
	77	PR	ASCII 码打印输出	×	×	√	√
	78	FROM	BFM 读出	×	√	√	√
	79	TO	BFM 写入	×	√	√	√
外围设备 SER	80	RS	串行数据传送	√	√	√	√
	81	PRIN	8 进制位传送	√	√	√	√
	82	ASCI	HEX—ASCII 转换	√	√	√	√
	83	HEX	ASCII—HEX 转换	√	√	√	√
	84	CCD	校验码	√	√	√	√
	85	VRPD	电位器读出	√	√	√	√
	86	VRSC	电位器刻度	√	√	√	√
	87						
	88	PID	PIC 运算	√	√	√	√
	89						
浮点数	110	ECMP	2 进制浮点数比较	×	×	√	√
	111	EZCP	2 进制浮点数区间比较	×	×	√	√
	118	EBCD	2 进制浮点数—10 进制浮点数转换	×	×	√	√
	119	EBIN	10 进制浮点数—2 进制浮点数转换	×	×	√	√
	120	EADD	2 进制浮点数加法	×	×	√	√
	121	ESUB	2 进制浮点数减法	×	×	√	√
	122	EMUL	2 进制浮点数乘法	×	×	√	√
	123	EDIV	2 进制浮点数除法	×	×	√	√
	127	ESOR	2 进制浮点数开方	×	×	√	√
	129	INT	2 进制浮点数—BIN 整数转换	×	×	√	√
	130	SIN	浮点数 SIN 运算	×	×	√	√
	131	COS	浮点数 COS 运算	×	×	√	√
	132	TAN	浮点数 TAN 运算	×	×	√	√
	147	SWAP	上下字节变换	×	×	√	√
定位	155	ABS	ABS 当前值读出	√	√	×	×
	156	ZRN	原点回归	√	√	×	×
	157	PLSY	可变度的脉冲输出	√	√	×	×
	158	DRVI	相对定位	√	√	×	×
	159	DRVA	绝对定位	√	√	×	×

续表

分类	指令编号	指令助记符	功　能	F_{1S}	F_{1N}	FX_{2N}	FX_{2NC}
时钟运算	160	TCMP	时钟数据比较	√	√	√	√
	161	TZCP	时钟数据区间比较	√	√	√	√
	162	TADD	时钟数据加法	√	√	√	√
	163	T SUB	时钟数据减法	√	√	√	√
	166	TRD	时钟数据读出	√	√	√	√
	167	TWR	时钟数据写入	√	√	√	√
	169	HOUR	计时仪	√	√	×	×
外围设备	170	GRY	格雷码变换	×	×	√	√
	171	GBIN	格雷码逆变换	×	×	√	√
	176	RD3A	模拟块读出	×	√	×	×
	177	WR3A	模拟块写入	×	√	×	×
接点比较	224	LD=	(S1)=(S2)	√	√	√	√
	225	LD>	(S1)>(S2)	√	√	√	√
	226	LD<	(S1)<(S2)	√	√	√	√
	228	LD◇	(S1)≠(S2)	√	√	√	√
	229	LD≤	(S1)≤(S2)	√	√	√	√
	230	LD≥	(S1)≥(S2)	√	√	√	√
	232	AND=	(S1)=(S2)	√	√	√	√
	233	AND>	(S1)>(S2)	√	√	√	√
	234	AND<	(S1)<(S2)	√	√	√	√
	236	AND◇	(S1)≠(S2)	√	√	√	√
	237	AND≤	(S1)≤(S2)	√	√	√	√
	238	AND≥	(S1)≥(S2)	√	√	√	√
	240	OR=	(S1)=(S2)	√	√	√	√
	241	OR>	(S1)>(S2)	√	√	√	√
	242	OR<	(S1)<(S2)	√	√	√	√
	244	OR◇	(S1)≠(S2)	√	√	√	√
	245	OR≤	(S1)≤(S2)	√	√	√	√
	246	OR≥	(S1)≥(S2)	√	√	√	√

参 考 文 献

1. 张万忠. 可编程控制器应用技术. 北京: 化学工业出版社, 2004
2. 吴明亮, 蔡夕忠. 可编程控制器实训教材. 北京: 化学工业出版社, 2005
3. 李俊秀, 赵黎明. 可编程控制器应用技术实训指导. 北京: 化学工业出版社, 2005
4. 张林国, 王淑英. 可编程控制技术. 北京: 高等教育出版社, 1999
5. 王国海, 沈蓬. 可编程控制器及应用. 北京: 中国劳动社会保障出版社, 2001
6. 陈立定, 吴玉香, 苏开才. 电气控制与可编程控制器. 广州: 华南理工大学出版社, 2001
7. 常斗南. 可编程控制器原理应用实验. 北京: 机械工业出版社, 1998
8. 袁任光. 可编程控制器应用技术与实例. 广州: 华南理工大学出版社, 2001
9. 胡学林. 可编程控制器教程（实训篇）. 北京: 电子工业出版社, 2004